ゲノム
多様性解析

GENOME DIVERSITY ANALYSIS

長田直樹 [編著]

藤本明洋／河合洋介／五條堀淳
東野俊英／木村亮介／松波雅俊 [著]

森北出版

●本書の補足情報・正誤表を公開する場合があります．当社 Web サイト（下記）
で本書を検索し，書籍ページをご確認ください．

https://www.morikita.co.jp/

●本書の内容に関するご質問は下記のメールアドレスまでお願いします．なお，
電話でのご質問には応じかねますので，あらかじめご了承ください．

editor@morikita.co.jp

●本書により得られた情報の使用から生じるいかなる損害についても，当社および本書の著者は責任を負わないものとします．

JCOPY 〈(一社)出版者著作権管理機構 委託出版物〉
本書の無断複製は，著作権法上での例外を除き禁じられています．複製される
場合は，そのつど事前に上記機構（電話 03-5244-5088，FAX 03-5244-5089,
e-mail: info@jcopy.or.jp）の許諾を得てください．

まえがき

　近年の技術革新によって，生物がもつゲノム情報を比較的簡単に解読できるようになってきた．ウイルスや細菌のような小さなゲノムしかもたない生物だけでなく，ヒトのような哺乳類においても，ある集団から得られた生物個体のゲノムを多数決定し解析する「ゲノム多様性解析」が盛んに行われるようになってきた．かつて国家プロジェクト・国際共同プロジェクトのレベルで行われてきたゲノム解析は，現在では1つの研究室だけでも行えるようなレベルになってきている．比較的小規模な研究プロジェクトであっても，自分の興味のある生物のゲノムを多数解析し，表現型とゲノムとの関わりを解析したり，対象の生物がどのような歴史を経て進化してきたかを知ったりすることが可能になったのである．筆者が研究を始めたころと比べて隔世の感がある．

　ところが，生物集団のゲノム情報を解析するには，集団遺伝学，分子進化学，バイオインフォマティクスなど幅広い事前知識が必要であり，初学者にとって大きな障壁になっている．本書の目的は，日進月歩の発展を続けているゲノム多様性解析の手法についての基礎を学び，いくつかの練習データを解析することによって，将来的に自分が興味のある生物集団のゲノム解析を行えるよう指南をすることである．これからゲノム多様性解析を始めたい大学院生や研究者が本書の対象となっている．構成としては，1つの目的をもつ解析群を1つの章にまとめ，計12章のそれぞれの中で，前半は解析の基礎となる理論的枠組み，後半で実際のデータを用いた解析のチュートリアルを行うかたちとなっている．紙面の制約上，本書で様々な解析のすべてを網羅することは不可能であるので，基本的な解析について理解し，その後の発展的な解析につなげていただけると幸いである．

　本書を読み進めるには，生物に関する基礎知識や集団遺伝学，ゲノム情報に関する基礎知識が必要になってくる．本書の内容を理解するための重要な考えなどは丁寧に解読するように心がけるが，基礎的な知識が不足していると感じ

るなら，同じく森北出版から刊行されている「進化で読み解く バイオインフォマティクス入門」の学習を行うことをお勧めしたい．

　なお，本書は 7 名の執筆分担者によって書き進められたものを，分担者どうしが意見を出し合い書き進められたものである．長田を含むすべての執筆者は，新学術領域ヤポネシアゲノムとよばれる研究プロジェクトの研究参画者でもある．新学術領域ヤポネシアゲノムは，正式名称を「ゲノム配列を核としたヤポネシア人の起源と成立の解明」といい，2018 年度から 2022 年度まで行われた研究プロジェクトである．本書の内容の中心となっているゲノム配列解析を軸に，考古学，言語学の研究者と共同で，日本列島（ヤポネシア）に居住してきた人々の歴史を明らかにしようとする学際プロジェクトである．本書に関するアイデア交換や執筆に関する打ち合わせの機会の提供など，ヤポネシアゲノム関係者にはここに感謝の意を表したい．

　あらかじめここで断っておくと，本書が解析の対象とする「生物」とは，主に二倍体生物のことを指す．多くの手法は，医学領域で多くの研究者がしのぎを削るヒトゲノムの解析手法として開発されたものであるが，他の二倍体生物に応用することが可能である．ウイルスや細菌などの単数体ゲノムをもつものの中には，集団遺伝学的な解析が前提としている種や集団の概念が通用しないものが多い．もちろん，単数体・二倍体の生物ともに適用することができる理論や概念も存在するが，二倍体生物で確立された手法を安易に単数体生物などに適用することは避けたほうがよいだろう．また，環境に生息する細菌などの生物群を一度に解析するメタゲノム解析が盛んに行われており，多くの発見がもたらされているが，メタゲノム解析に用いる手法については本書ではとりあげないのでご了承いただきたい．また，植物などでしばしば見られる三倍体以上の核型をもつものについても同様に，二倍体生物の解析手法はそのまま使えないことが多い．しかし，三倍体以上の生物であっても，親から子に遺伝情報が伝えられる様式は二倍体生物と変わらないので，多くの場合，二倍体生物で用いられている手法を活用することができる．

　本書の解析の多くは，UN*X（Unix 系の）システムを用いて行う．そのため，ほとんどの作業をコマンドラインインターフェース（CLI）で行わなければいけない．読者の中にはコンソールの黒い画面を見ただけでめまいを覚えるものが

いるかもしれないが，少し我慢をして取り組んでいただきたい．UN*X システムで用いるコマンド群については，巻末の付録 C に詳しい説明を加えておくので，使い方を知りたい方は確認していただきたい．なお，解析で用いる配列データ，スクリプトなどのファイル類は，以下の URL からダウンロードできる．

https://zenodo.org/records/14776093

　本書で行われているプログラム利用法などの解説は，問題を解決するためのただ 1 つの方法を示しているわけではない．同じ目的を果たすための解析方法はいくつもあるし，この方法は常に正しいといったものがあるわけでもない．特に，集団の歴史といったような直接観察できないものを推定する過程には，常に「前提・仮定」が存在することを忘れてはならない．また，プログラムのバージョンアップなどにより，必ずしも同じ解析結果が得られるとは限らないことにも注意していただきたい．タイプするコマンドを魔法の呪文のように覚えるのではなく，その前の解説文と併せて，多様なゲノム情報をどのように解析するのかといった基礎的な理解に役立てていただきたいと考えている．本書によってゲノム多様性解析を行うハードルが下がり，多くの素晴らしい研究が進んでいくことを期待して．

謝辞
　東北大学山本佑樹氏，北海道大学平澤さつき氏には貴重な意見をいただいたのでここに感謝する．また，森北出版の宮地亮介氏には多大な助力をいただいた．ここに感謝したい．

2025 年 2 月

長田　直樹

担当章

長田直樹：1, 2, 6, 9, 10, 12 章

藤本明洋：3 章

河合洋介：4, 8 章

東野俊英：5 章

五條堀淳：6, 10 章

木村亮介：7 章

松波雅俊：11 章

目　次

1. **はじめに** ――――――――――――――――――――――――――――― 1
　1.1　ゲノム多様性解析とは　　1
　1.2　本書で用いるデータセット　　7
　参考文献　　8

2. **シークエンスデータとクオリティチェック** ――――――――――― 10
　2.1　シークエンスデータとは　　10
　2.2　シークエンスデータの操作　　20
　参考文献　　29

3. **多型の検出** ―――――――――――――――――――――――――――― 30
　3.1　多型とは　　30
　3.2　データのフォーマット　　31
　3.3　シークエンスデータ解析　　37
　参考文献　　43

4. **ハプロタイプ解析** ――――――――――――――――――――――――― 44
　4.1　ハプロタイプとゲノム多様性　　44
　4.2　Beagle によるフェージング　　48
　参考文献　　52

5. **表現型の解析** ――――――――――――――――――――――――――― 53
　5.1　表現型の特性と解析　　53
　5.2　ヒトの表現型の GWAS　　61
　参考文献　　77

6. **集団の多様性解析** ――――――――――――――――――――――――― 80
　6.1　多様性を記述する　　80

vi 目 次

6.2 多様性の記述からわかること　84
6.3 VCFtools/bcftools による各種要約統計量の算出　88
参考文献　94

7. 集団構造の可視化 ——————————————————— 96
7.1 集団構造を可視化する方法　96
7.2 遺伝距離を用いた階層的クラスタリング　97
7.3 遺伝モデルベースのクラスタリング解析　101
7.4 多変量解析　102
7.5 解析結果を解釈するうえでの注意点　104
7.6 ゲノムデータを用いた集団構造の可視化　105
参考文献　114

8. 集団サイズの推定 ——————————————————— 116
8.1 集団サイズとゲノム多様性　116
8.2 集団サイズの推定　122
参考文献　125

9. 集団の分岐・混合 ——————————————————— 126
9.1 集団とは　126
9.2 アレル頻度の時間による変化　128
9.3 集団の混合　131
9.4 アレル頻度を用いた多集団解析　136
参考文献　148

10. 正の自然選択の検出 —————————————————— 150
10.1 正の自然選択と遺伝的多様性　150
10.2 アウトライヤーアプローチと検定アプローチ　150
10.3 統計量を用いた正の自然選択の検出　152
10.4 VCFtools/selscan を用いた正の自然選択の検出　156
参考文献　164

11. ターゲットシークエンシング ————————————— 166
11.1 ターゲットシークエンシングの原理と手法　166
11.2 Stacks による RAD-seq 解析　170

目　次　vii

参考文献　　182

12.　分岐年代の推定 ——————————————————— 184
12.1　分岐年代の推定とは　　184
12.2　集団の分岐年代推定はなぜ難しいのか　　185
12.3　分岐年代推定に必要なデータ　　191
12.4　分岐年代推定の方法　　196
参考文献　　203

A.　解析環境の構築 ——————————————————— 206
A.1　Windows での環境構築　　207
A.2　Conda を用いた解析環境の構築　　209
A.3　Conda を用いた仮想環境の切り替え　　214
A.4　Docker による解析環境の利用　　216

B.　各種ソフトウェアのインストール ——————————— 220

C.　UN*X コマンド ——————————————————— 230

索　引　　238

1.1 ゲノム多様性解析とは

ゲノムとは生物がもつ遺伝情報すべての呼び名である．生物がもつゲノムはDNAの塩基配列によって構成されており，生物種によって様々な大きさ（塩基配列の長さ）をもつ．本章では，ゲノム多様性解析の定義と歴史，およびその目的について概観する．

1.1.1 ゲノム多様性解析とその歴史

初めて完全なゲノム配列が決定された生物のゲノムはインフルエンザ菌 (*Haemophilus influenzae*) であり，およそ 1.8 Mbp のゲノム配列がサンガー法によって解読された[1]．その後，DNA塩基配列解読技術の発展にともない様々な生物のゲノムが解読されていき，ヒトゲノムについては，2000 年には概要版が，2003 年には完全に近い品質のゲノム配列が解読されるに至った．さらに，2022 年にはヒト染色体の端から端までを完全に解読したと考えられる T2T (telomere-to-telomere) 配列というものが公開されている[2]．その後，ゲノムサイズがヒト (*Homo sapiens*) よりも大きい生物などについてもゲノム配列解読が行われ，数多くの種のゲノム配列が明らかにされてきた．

この最初のフェーズのゲノム配列解読においては，生物「種」がもつゲノム配列の決定が重要視され，主にモデル生物とよばれる，ハツカネズミ (*Mus musculus*)[3]，センチュウ (*Caenorhabditis elegans*)[4]，キイロショウジョウバエ (*Drosophila melanogaster*)[5] など，実験室で用いられる生物のゲノム配列が

2 | 1 はじめに

決定された。この段階では，研究者たちは生物種内の多様性については目をつぶり，得られたゲノム配列をその生物種の代表として扱っていた。しかし，同じ種に属する生物個体のゲノム配列に多くの多様性が見られることは，遺伝学の長い歴史の中でよく研究されてきたことである。生物がもつゲノムは，次世代に引き継がれるときに，その世代の生殖細胞系列 (germline cell) で起こった**突然変異** (mutation) も同時に伝える。この突然変異が生物集団のもつ多様性を生み出す原動力となる。数十個の遺伝子の塩基配列を比べた初期の研究では，ヒトゲノムの遺伝的多様性（塩基多様度，第 6 章参照）はおよそ 0.1％であることが明らかにされていた[6]。0.1％は小さい割合ではあるが，ヒトゲノムを 30 億塩基対と概算すると†，およそ 300 万箇所の 1 塩基多型 (Single Nucleotide Polymorphism, SNP) がゲノムごとに存在することになる。このように，同種の生物がもつゲノム配列が個体ごとに異なっていることを，本書では**ゲノム多様性** (genomic diversity) と表現する。

　代表となるゲノム配列の決定後，これまであまりゲノム多様性に注意を払ってこなかった研究者たちが研究に参画し始めた。特に研究が進んだのは，ヒトゲノム多様性解析の分野である。ヒトの遺伝的多様性は，疾患の原因やリスク要因にも関わっており，個人の遺伝的背景に即した個別化医療とよばれる新しい医療システムを確立するために，多くの予算が投下された（このような問題は第 5 章で取り扱う）。それにより，**SNP チップ**とよばれるデバイスを用いて，数万〜数 10 万個のゲノムワイドな SNP を比較的安価に調べることができるようになった。ただし，SNP チップはあらかじめ特定のゲノム配列に対してデザインされていなければならず，非常に多くの研究者が共通の研究対象として扱うヒト以外においては，ごく限られた生物種のみに応用された。また，あらかじめ SNP であるとわかっているところのみ解析を行うために，解析を行う SNP には診断バイアス (ascertainment bias) が存在する。集団遺伝学によるサンプル解析理論の多くは，解析するサンプルや SNP がランダムに選ばれているということを前提にしていることが多いため（例外も存在する），集団遺伝学の理論を直接当てはめることができないという問題がある[7]。

---

† 一般に，生物のゲノムサイズはハプロイドゲノム（片親由来のゲノム）の大きさで表す。

その後登場した，（いわゆる）次世代シークエンサー (Next Generation Sequencer, NGS) の登場によって，ゲノム多様性解析の研究は劇的に進化する．従来のサンガー法と比較して文字どおり桁違いの性能をもつ NGS の登場によって，比較的安価に生物のゲノム配列を決定することができるようになった．特に，モデル生物のように基準となる参照ゲノム配列 (reference genome sequence) が決定された生物種およびその近縁種においては，NGS を用いたリシークエンスという手法で，個体ごとのゲノム配列を安価に再決定できるようになった（参照配列の決定に関する手法の説明は，本書では行わない）．また，ゲノム全体を決定せずに，ゲノムの一部だけを解読する手法も開発されてきた（第 11 章で触れる RAD-seq とよばれる手法などである）．これらの手法を用いると，比較的小さな研究室であっても，100 個体程度から得られた SNP を数万個のレベルで比較することが可能である．現在では，ゲノムレベルでの SNP 解析は，地域・地方固有の種や集団の解析においても頻繁に行われている．ゲノム解析がだれでもできる身近なものになったのである．

　このように，ゲノム配列の取得自体は比較的手軽になってきたのだが，問題は，得られるデータをどのように解析するかということである．生物種にもよるが，ゲノムの多様性は数万〜数千万個の SNP によって構成される．ゲノム配列に起こる挿入や欠失（インデル，indel）や染色体構造の変化まで入れるとそれ以上である．この巨大なデータを扱うのにはコンピュータが必須になるだけでなく，表計算ソフトにデータを貼り付けて解析を行うといった単純な手法も通用しない．また，得られたデータから生物学的に意味のある結果を得るには，集団遺伝学の知識も必要になってくる．集団遺伝学を理解するにはもちろん遺伝学を理解しなければいけない．これらの理由がゲノム多様性解析を行うハードルを高くしている．後述するように，本書は，練習用のデータセットの解析を通して，ゲノム多様性解析がどのような考えと工程で行われるかに触れることができる内容となっている．紙面の都合により，非常に高度な解析まで含めることはできないが，よく行われている基礎的な解析に関する理解は深まるはずである．

1.1.2 何がどこまで明らかになるのか

ゲノム多様性解析が盛んに行われていることは示したが，そもそもなぜ我々はゲノム多様性解析を行うのだろうか．大雑把に以下の3つの目的が考えられる．それぞれの目的について詳しく見ていこう．

(1) 表現型の多様性を生みだす遺伝的変異の探索

この目的においては，ゲノム多様性は，遺伝子型または遺伝型 (genotype) と表現型 (phenotype) のつながりを見つけ出すための研究対象とされる．つまり，ゲノムに還元される遺伝暗号が，どのようなメカニズムを経て生物の体や形を創り出しているかを検索する材料である．多くの生物学者の興味はこの点にあるだろう．遺伝子型と表現型のつながりを知るにはいくつかの方法がある．古典的な遺伝学的手法では，興味深い表現型をもつ個体を見つけ，その遺伝子型を調べることから研究が始まる．この手法は，元々の野生型から突然変異体が生じた場合などにはきわめて有効な手法である．しかし，一般的な個体の間には，注目している表現型の違いの原因になっている遺伝的変異以外にもたくさんの遺伝的変異が存在しているため，共通の表現型をもつ個体ともっていない個体をたくさん集めてゲノム解析を行う必要がある．もし，注目する表現型を創り出している遺伝的な基盤が存在するのであれば，共通の表現型をもっているグループは特徴的な遺伝的変異を共有するだろう．

この手法はヒトの疾患関連遺伝子の探索において多く行われてきた．**ゲノムワイド関連解析** (Genome Wide Association Study, GWAS) とよばれる研究では，ヒトを健常者と罹患者に分け，ゲノムワイドで SNP を調べることにより，疾患に関連のある SNP を探索することができる．疾患の有無だけでなく，量的な形質に関する関連解析を行うことも可能である．さらに，顔や身長の多様性と遺伝的変異との関連解析についても似たような手法によって行われている．GWAS については第5章でさらに詳しく説明する．

その他の応用例として，**ゲノミックセレクション**という手法が育種分野で用いられている．この手法では，注目する形質と SNP との関連をあらかじめ多数の成体を用いて調べ，その情報を用いて産仔や植物種子の表現型を予測し，よいものを選抜する[8]．この手法は，成長に時間のかかる動物や植物において有

効な育種法である.

(2) 歴史的な集団構造の推定

　（遺伝的）集団構造とは，個体間の近縁度によって作られる，個体がもつ遺伝的特徴の集まりのことを指す．集団構造は集団が形成された歴史を反映していることが多く，その生物種がどのように生まれ，どのような経緯を経て現在のかたちとなっているかを知る手掛かりになる．このような研究は，「過去に何が起こったのか」という生物の歴史を知ることを大きな目的の 1 つにしている.

　数万年から数百万年程度の過去に起こった生物の歴史について研究する領域を系統地理学 (phylogeography) とよぶ[9]．系統地理学の研究は，歴史的にミトコンドリアゲノム (mitochondrial genome) の多様性を調べることにって行われることが多かった．ミトコンドリアゲノムには組換えは起こらないため，多くの SNP が連鎖して存在する．このような単数体のゲノムの遺伝子型を表現したものを**ハプロタイプ** (haplotype) とよぶ（詳しくは第 4 章参照）．ミトコンドリアハプロタイプのもつ遺伝子系図 (gene genealogy，または単に genealogy) は，多くの場合目に見えるかたちで推定することができる．たとえば，2 つの地域から得られた個体のミトコンドリア遺伝子系図が，それぞれの地域ごとに 1 つのグループ（クラスター）を作ったとしよう．この場合，2 つの地域の集団は，比較的長い間隔離されていたのだろうと考えることができる．反対に，2 つのグループのミトコンドリア遺伝子系図が混じりあっている場合，2 つの集団はごく最近に分化した，または集団の間に移住があると考えられる．このような解釈は直感的にわかりやすく，何らかの有用な知見をもたらすことが多い．しかし，このような解釈は，集団の進化における偶然性を無視していることが多い．集団内での遺伝子頻度の変化の多くは，遺伝的浮動 (genetic drift) によるものである．したがって，あるミトコンドリアハプロタイプが集団中に広まっていくか消失するかは偶然によって決められていることが多い．そのため，得られた観察結果が，自分がもっている仮説をどれだけ支持するかどうかという統計的な根拠を得ることは多くの場合難しい．生物進化の歴史は 1 回限りの事象であるので，1 つの座位だけを見ていては，いくらたくさんの個体を観察したとしても，観察される歴史のサンプルサイズは 1 つしかない．

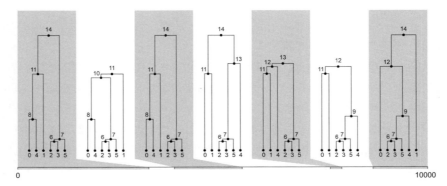

図 1.1 合祖シミュレーションで作り出した 10,000 bp のゲノムについて，6 ハプロイドの遺伝子系図を示したもの．色の違う領域間で組換えが起こっている．個体間の遺伝的関係がゲノム領域間で異なっていることがわかる．領域が離れており，その間で多くの組換えが起こっていれば，独立なデータとみなすことができる．この図は Python ライブラリの `msprime`[12] と `tskit`[13] を用いて作成された．

核ゲノムの解析はこの問題点を克服することができる．核ゲノムには歴史上何度も**組換え** (recombination) が起こっており，十分離れた座位はそれぞれ独自の歴史をもっている（図 1.1）．したがって，座位ごとの観察結果の分布が，仮定する集団動態モデルをどれだけ支持するかを定量的に考察することができる．有名な例では，ヒトの近縁種であるネアンデルタール人とデニソワ人との関係がある．ミトコンドリアを用いた解析においては，デニソワ人は，ヒトとネアンデルタール人が分岐する前に分かれた集団であり，ヒトとネアンデルタール人との間には遺伝的な交流（交雑）を示す証拠がなかったが[10]，その後の核ゲノムの解析により，ネアンデルタール人とデニソワ人は姉妹群を形成するだけでなく，現代人の祖先との間に遺伝的な交流があったことがわかっている[11]．このように，核ゲノムの解析はミトコンドリアゲノムの解析ではわからなかったことの多くを伝えてくれる．本書で取り扱うゲノム多様性解析の内容は，核ゲノムの解析を中心としたものである．

(3) 自然選択とその遺伝的基盤の探索

過去に何が起こったかを知ることは，すべての進化研究の基本となるものであるが，我々はさらに，「なぜそのようなことが起こったのか」という謎にも興

味がある．生物の表現型は多様であり，それぞれは環境に対して非常によく適応しているように見える．これらの表現型を作り出す中心は紛れもなくゲノムである．ゲノムがもつ遺伝子型と生物の表現型の関係を知り，多様な表現型が進化してきたメカニズムを理解することは，生物学全体の大きな目標の1つでもある．

　ダーウィンの時代には，自然選択がはたらいて選び出される遺伝子に関する知識はほとんどなかった．しかし，現代に生きる我々は，遺伝の仕組みやゲノム配列，個々の遺伝子の機能などについての膨大な知識をもっている．**正の自然選択**はどのくらい頻繁にはたらくのか？　どのような遺伝子が正の自然選択を受けて進化しているのか？　自然選択はどのようなタイプの変異によくはたらくのか？　異なった集団，異なった種の間で自然選択が起こる遺伝的基盤は共通しているのか？進化は予測可能なのか？これら様々な疑問への答えは，できる限り多くの例を発見し，共通する現象を明らかにすることによって得られるかもしれない．多くの事例を集めることにより，「なぜそのような進化が起こったのか」ということに対して合理的な説明ができるようになるだろう．本書においては，第10章で，多数のゲノム配列を調べて自然選択の痕跡を探す方法を紹介する．

1.2　本書で用いるデータセット

　本書で進めていく解析には様々なものがあるが，データの取得から集団構造の推定，自然選択の解析まで一貫して進められるように，架空の生物のゲノム配列を解析するというかたちにした．*Fictus yaponesiae* とよばれるこの生物は，沖縄を除く日本列島の都市に生息し，およそ 24 Mbp（24 万塩基対）程度のゲノムをもつ昆虫である．これは昆虫のゲノムサイズとしてはかなり小さい（現実的な解析スピードを得るために，小さいサイズになっている）．この生物を日本列島の 5 つの都市，札幌 (SP)，仙台 (SD)，東京 (TK)，大阪 (OS)，福岡 (FK) から 20 個体ずつサンプリングし，抽出した DNA から 100 bp のペアエンドショートリード（第 2 章参照）を得たところから解析が始まる．解析の理論などを学ぶためにひととおり本書を読み進めるのもよいが，これからデー

タ解析を実際に行ってみたい初心者の方は，実際にデータをダウンロードして，本書に従って解析を進めてみていただきたい．

https://zenodo.org/records/14776093

また，このデータはクリエイティブコモンズ 4.0 (CC4.0) ライセンスで公開されており，データレポジトリである Zenodo のサイトからダウンロードが可能である[14]．サイトから yaponesiae.tar.gz ファイルをダウンロードし，tar コマンドで解凍するとディレクトリ yaponesiae とそれ以下のファイルが作られる．tar コマンドの使い方は付録 C を参照してほしい．ダウンロードできるデータに複数のバージョンがある場合は最新のものを使う．

ダウンロードしたデータは，データを初めて用いる章ごとに保存されている．たとえば，第 2 章で初めて用いるデータは，data ディレクトリの下の 2 というディレクトリにある．このディレクトリのことを本書では/data/2/と表している．詳しくはダウンロード元ページの指示に従ってほしい．他の場所に保存した場合は適宜読み替えること．

参考文献

[1] Fleischmann, R., et al., *Whole-genome random sequencing and assembly of Haemophilus influenzae Rd.* Science, 1995. **269**(5223): pp. 496–512.

[2] Nurk, S., et al., *The complete sequence of a human genome.* Science, 2022. **376**(6588): pp. 44–53.

[3] Mouse Genome Sequencing, C., et al., *Initial sequencing and comparative analysis of the mouse genome.* Nature, 2002. **420**(6915): pp. 520–562.

[4] Consortium, T. C. E. S., *Genome sequence of the nematode C. elegans: A platform for investigating biology.* Science, 1998. **282**(5396): pp. 2012–2018.

[5] Adams, M.D., et al., *The genome sequence of Drosophila melanogaster.* Science, 2000. **287**(5461): pp. 2185–2195.

[6] Li, W. H. and L. A. Sadler, *Low nucleotide diversity in man.* Genetics, 1991. **129**(2): pp. 513–523.

[7] Clark, A. G., et al., *Ascertainment bias in studies of human genome-wide polymorphism.* Genome Research, 2005. **15**(11): pp. 1496–1502.

[8] Goddard, M. E. and B. J. Hayes, *Genomic selection.* Journal of Animal Breeding and Genetics, 2007. **124**(6): pp. 323–330.

[9] ジョン・C・エイビス，生物系統地理学：種の進化を探る．2008：東京大学出版会．303．

[10] Green, R. E., et al., *A complete Neandertal mitochondrial genome sequence determined by high-throughput sequencing.* Cell, 2008. **134**(3): pp. 416–426.

[11] Green, R. E., et al., *A draft sequence of the Neandertal genome.* Science, 2010. **328**(5979): pp. 710–722.

[12] Baumdicker, F., et al., *Efficient ancestry and mutation simulation with msprime 1.0.* Genetics, 2021. **220**(3).

[13] *tskit.* Available from: https://tskit.dev/software/tskit.html

[14] Osada, N., et al., *Simulated short-read sequence dataset of Fictus yaponesiae.* Zenodo, 2025. DOI: https://doi.org/10.5281/zenodo.14776093

Chapter

2

シークエンスデータとクオリティチェック

2.1　シークエンスデータとは

　本章ではゲノム多様性解析で扱う塩基配列（DNA シークエンス）データについて解説を行う．ゲノムの多様性を調べるには，以下に述べるようにいくつかの異なった手法が存在する．

2.1.1　ゲノム多様性を測る手法

　歴史を少し遡って，ゲノムの多様性がどのように調べられてきたか見てみよう．分子生物学を利用したゲノム多様性研究が興る以前は，人々は生物の表現型だけを用いて研究を行ってきた．生物集団がもつ遺伝的多様性を分子レベルで本格的に明らかにした初めての研究は，1966 年に発表された，Lewontin と Hubby によるものと，Harris によるものである[1,2]．同じ遺伝子座位から作られるが，異なった等電点や分子量をもつタンパク質（**アロザイム**）を区別することにより，表現型として直接観察されないようなゲノムの違い（**多型**, polymorphism）が見えるようになったのである．当時の方法では，ゲノムの多くの場所，つまり多くの種類のタンパク質について多型を調べることは難しかったが，この研究がゲノム多様性解析の原点ということもできるだろう．

　その後，分子生物学技術の発展にともなって，タンパク質ではなく DNA の変異を直接観察する方法が開発され，多くの変異検出法が確立されてきた．何らかの手法によってゲノム DNA にある変異を同定する手法を遺伝子型判定，

またはジェノタイピング (genotyping) とよぶ†．ひと昔前の研究では，制限酵素の切断点近傍に起こった突然変異を，制限酵素で切断した DNA 断片の長さから推定する RFLP 法や，制限酵素と PCR 法とを組み合わせることによりゲノムレベルで調べることのできる AFLP 法が用いられてきた．また，2〜4 塩基程度の短い繰り返し配列である**マイクロサテライト配列**（単純繰り返し配列）長の多型は，突然変異率が塩基置換による突然変異率よりも高いことが知られているため，疾患の原因遺伝子を突き止めるためのヒトの家系解析や，非モデル生物の集団遺伝解析に広く用いられてきた．

　現在最もよく調べられているゲノム中の変異は，DNA の塩基対の 1 つが別のものに置き換わる **SNP** である．一般には，多型は集団での頻度が 1% 以上のものとされているので，どの頻度のものでも使用できる **1 塩基変異** (Single Nucleotide Variation, **SNV**) という用語が使われることもある．ただし，1% という定義にはそれほどしっかりした根拠はないので，それほど気にする必要はない．本書においては，その文脈・用途・統一性を考慮して，多型と変異・多様体（バリアント，variant）という用語が使い分けられているが，元々の意味を理解さえしておけば，極端に使い方にこだわる必要はないだろう（ただし，がんゲノムの解析を含む個体内の変異に関する議論は面倒になる．したがって，この問題については 3.1 節において再度議論する）．本章では SNP という言葉に統一することにしよう．SNP は A, T, G, C の 4 つの**アレル** (allele，または対立遺伝子）をとりうるが，DNA 塩基の突然変異率は一般にとても低いので，多くの場合，A か G，C か T のような形で多型が存在する．このような SNP を，**バイアレリック** (biallelic) な SNP とよぶ．タンパク質の立体構造を変える DNA の変異が起こるたびに，タンパク質には新しいアレルが生じる．ところが，DNA塩基配列のサイト 1 つだけについて考えると，ほとんどの場合 2 つのアレルを考慮するだけで十分である．このことも，SNP を用いたゲノム多様性解析を理論的にわかりやすいものにしている．

　ところで，DNA は 2 重鎖構造をとっており，A と T，G と C が水素結合によって結合している．バイアレリックな SNP を指す T/C（T または C）といった表

---

† または，遺伝子型をコールするとよぶ．

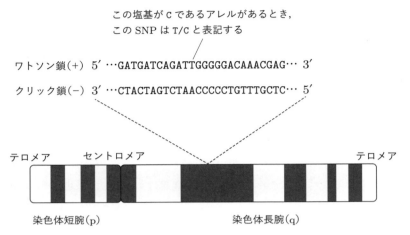

図 2.1 SNP の表現方法．一般的な染色体の模式図を示している．ワトソン鎖/クリック鎖という名称は歴史的に様々な意味で使われており混乱のもととなっているが，「染色体の短腕を左に置いたときに DNA の 5′ 側が左に配置される鎖がワトソン鎖である」という定義を用いるのがよいだろう[3]．参照ゲノム配列が存在する場合には，ワトソン鎖の塩基を用いて SNP を表現するのが一般的である．

現がよく用いられるが，相補鎖においてはこの SNP は A/G と表現することができる（図 2.1）．一般に，基準となる**参照ゲノム配列**が与えられているときはその配列に合わせた表現が用いられるが，ゲノム配列が未知の生物の場合，どちらの鎖の配列が用いられるかはランダムになる．また，左側の A が参照ゲノム配列のアレル（参照アレル，または**リファレンスアレル**）を表す場合もあれば，サンプルの中で観察数の多い**メジャーアレル** (major allele) または観察数の少ない**マイナーアレル** (minor allele) を表している場合もある．自分がどのようなデータを扱っているのか混乱しないようにしておこう．特に，メジャーアレル，マイナーアレルは解析する集団によって入れ替わることがあるので，常に注意が必要である．

　大量の SNP について調べるには大きく 2 つの方法がある．1 つは **SNP チップ**とよばれるデバイスを用いて，あらかじめ変異があるとわかっている塩基サイトについて，サンプルがもつ変異を明らかにする手法である．SNP チップは，**DNA マイクロアレイ** (DNA microarray) と同じ原理を用いて作られてい

る．ターゲットとなるゲノム領域に相補的なオリゴ DNA をスライドグラス上に直接貼り付けるタイプと，マイクロビーズに結合させた後にスライドガラス状に配置するタイプのものとがある．サンプル由来の DNA とオリゴ DNA のハイブリダイゼーションを検出することにより，SNP のタイピングを行う．この手法を用いるためには，あらかじめ SNP のある場所を同定し，その情報を用いて SNP チップを設計しなければいけない．一度そのような SNP チップをデザインすると，その後の変異同定は安価に行えるようになる．初期投資が必要になるため，ヒト，家畜，主要農作物など，多くの実験が望める生物集団に対して用いられる．第 5 章で触れる **GWAS** や**量的形質遺伝子座位** (Quantitative Trait Locus, **QTL**) 解析などは，多くの場合 SNP チップを用いたジェノタイピングによって行われる．

　SNP チップに代わって近年盛んに行われているジェノタイピング手法が，**Genotyping By Sequencing** (GBS) 法とよばれるものである．GBS 法では，NGS を用いてサンプルがもつゲノム配列を直接決定してジェノタイピングを行う．既知の SNP だけでなく，対象となるサンプルだけがもつ SNP も検出することができる．GBS 法はさらに大きく 2 種類に分けられ，全ゲノムを対象とするものと，ゲノムの一部だけを解析するものがある．当然のことであるが，前者のほうが高いコストがかかる一方，より多くの変異情報を得ることができる．後者の利点としては，ゲノム配列が未知の生物であっても集団の解析が可能であることと，安価に大量のサンプルを解析できることである．したがって，より幅広い生物を対象とすることができる．本書は主として前者の全ゲノム配列解析 (Whole-Genome Sequencing, WGS) を想定としているが，解析手法や内容は両者で共通のものも多い．ゲノムの一部だけを解析する **RAD-seq** などから得られたデータの解析については，第 11 章で個別に紹介することとする．

2.1.2　NGS から得られるデータ

　NGS と一口にいっても様々な手法がある．現在では第 3 世代シークエンサーとよばれる装置も盛んに用いられており，数十 kbp 以上という非常に長い DNA 断片塩基配列（リード）の解読が可能になっている．ゲノム多様性解析におい

ては，現段階では，主として第2世代シークエンサーとよばれる NGS を用いて得られたデータが使われている．第2世代シークエンサーの特徴は「短いリードを大量に読む」ことである．得られる塩基配列は断片的であるものの，大量のリードを比較的安価に解読することができる．

ここでは，第2世代シークエンサーとして広く用いられている Illumina（イルミナ）社の装置から得られたデータについて解説しよう．Illumina 社のシークエンサーでは，スライドガラス上に無数に貼り付けられ，蛍光標識された DNA 断片の塩基配列が，超高解像の画像解析によって検出される．様々な種類の装置が存在するが，50〜200 塩基対程度の長さのリードが大量に決定される．断片化された DNA は，両端に**アダプター** (adapter) とよばれるオリゴマーが付加されている．リードの種類には，DNA 断片の片方だけから決定された**シングルリード** (single read) と，両方から決定された**ペアエンドリード** (paired-end read) がある．ペアエンドリードの解析においては，同じ数の DNA 断片から倍の量のリードを得ることができる．

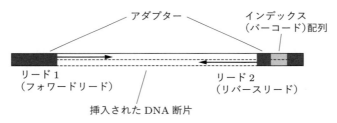

図 2.2 ペアエンドシークエンスの例．短い DNA 断片の両端にアダプターとよばれるオリゴヌクレオチドを結合させる．片方または両方のアダプターの中央付近には，インデックス（バーコード）とよばれる短いオリゴヌクレオチドが配置されている．ライブラリごとに違ったインデックス配列を用いることによって，複数のライブラリを混合したサンプルからシークエンスされたリードを，ライブラリごとに振り分けることが可能である．したがって，複数個体のゲノム配列を一度の実験で別々に決定することも可能である．

DNA シークエンサーは DNA 分子の各塩基に対応する蛍光などのシグナルを大量に取得し，プログラムによりシグナルから塩基配列を推定（ベースコール）する．解読された塩基配列には，それぞれの塩基がどのような正確度で読まれたかという情報が付加されている．塩基配列の正確度を数値として表現した

ものが，**Phred 値** (Phred score) とよばれる**クオリティスコア** (quality score) である．Phred 値は実験的に得られたエラー率と画像として検出したデータの特性から，その塩基の信頼度を推定する値である．Phred 値（Q）とエラー率 P は，次式のように対応する．

$$P = 10^{-Q/10} \tag{2.1}$$

たとえば，$Q = 30$ の場合はエラー率 $P = 0.001$，つまり 1,000 bp に 1 回の誤りがあるサイトであると解釈することができる．$Q > 30$（エラー率 0.1%未満に相当）という値が正確度の目安の 1 つとして用いられている．読まれたリードのサイトごとのクオリティスコアのことを**ベースクオリティ** (base quality) とよぶ．

得られたリードの塩基配列データとそのクオリティスコアを出力するためのファイルフォーマットが，**FASTQ フォーマット**である．塩基配列をコンピュータで扱う際は，多くの場合，決まった形式（フォーマット）で保存されたテキストファイルを用いる．FASTQ フォーマットでは，1 本の塩基配列について 4 行で，リード名，配列，および各塩基の信頼度（ベースクオリティ）が記載される．リード名は，各リードに固有の名称である．リード名の後に，ライブラリ作成実験の際に付加される試料特定のためのインデックスの塩基配列が記述されることもある．

FASTQ フォーマットでは，各塩基のベースクオリティは ASCII コードに変換されて 1 文字で記載されている．クオリティスコアはスコアに対応する 10 進数 ASCII コードの文字（**表 2.1**）を用いて 1 文字で表記されることが多い．一般には ASCII コードの 33 番目 (!) が $Q = 0$ に対応するが，シークエンサーによっては例外もあるので気を付けよう．Python や Perl などのプログラミング言語では，ord 関数を用いることで ASCII コードを数値に変換することが可能である．

図 2.3 に，FASTQ フォーマットで出力されたリードのデータ例を示す．4 行で 1 つのリードデータを表しており，1 列目の行は @ で始まり，リード名を表す．2 行目が塩基配列，4 行目が塩基ごとのクオリティスコアを表している．定義上，2 行目と 4 行目の長さは同じでなければならない．

16 2 シークエンスデータとクオリティチェック

表 2.1　10 進数 ASCII コードと対応する文字の例.

ASCII	文字	ASCII	文字	ASCII	文字	ASCII	文字	ASCII	文字
33	!	40	(	47	/	54	6	61	=
34	"	41	)	48	0	55	7	62	>
35	#	42	*	49	1	56	8	63	?
36	$	43	+	50	2	57	9	64	@
37	%	44	,	51	3	58	:	65	A
38	&	45	-	52	4	59	;	66	B
39	'	46	.	53	5	60	<	67	C

*68 番目以降は D, E, F,... と続く. 32 番目までは改行やスペースなど制御文字に割り当てられている.

4 行が 1 本の配列のデータ

```
@p1_1-2351370/1
TAAAAGGAAACCCTTGTTCGCTAATCCTCCAAAAGTGGGGTTTTTCGAATTTCTAGTTAAATTTCTAGGTAAGATCATAGACCTCCCTTATTGCGCATTGA
+
CCCGGCGCGGCGGGGJJCGJGJJ1JJJCCJJJJJCGJJJJJJJGJ8JGJJGGGJGJGGJGJGJGC8JJGGGGCGGCGGGCG1G=$GGG=GGGCGCCGCCGGG$
@p1_1-2351368/1
GAATATCGACCCACTCCAAGATAGCGCATCATAATCTCCTTTACTAAATCCATAGCCTTTGGTGGTGTGGTTCTACCGGGAGAGCTACCTGCGATTCAGTT
+
CC==CGGGGGGGGJJJJJJJG=JJJJGJGCJGG1GJJJGJJGGGJ81GJJGJJ1GCCJGGJGGJGGGGGG=JGCGGGGGGCCGG=GCCC=GGGCGGGCC
@p1_1-2351366/1
CTGGGAATCAACATCAAATCAAAGTCTCACTTCTATCTCCTGAACCAACACAAGGACTTAACTCGCGCAAAACCGATACACACTTAAAACAATGTTTTGA
+
CC=CCCGGGGGGGGJJ=CJJGGJJ8JJGGJJGGGGJGJJJC=GCJGJ$GGGGJ$GJJ$J=JJGJCGGGC=JCCCG=GC=GGGCGGCCGGCG=CG=GGGGGG
@p1_1-2351364/1
TTTAAACGTATGCAACTATACACTCTGTGCATTGTAATGGAAAATCGTAATCTGGTGATATCATTTAAGGAATTTCTAAAATATGTTAAGCCCGATGTGC
+
CCCGGGGGGGGGGGJJCGJGJGCJJJJJJGJJJJ(GGGJJGJJJGJJGJJJJ$JJ$GCGGGCG=GGGJGJG=G==GGJJGGGCGCGGGG=CCCGC$GGGGG
@p1_1-2351362/1
TAGTCTACTGGAATAAGGATGTAAAAATAAGGTTTGCATCCCAATTTAGGTAAGAAGTTTTTTTTTTTTGACCGATTCAATGCGGTCCGTATGAACTACGTA
+
CC1GGGGGCGGCGJJJGJJGJCGGJCJCJJJJJJJGJJGJGGGJGGGGJGJJG=GJ=GGGCCGGGGJGGCCCGGCGGGCGGG1CGG$$CGCGGGCCGG
```

1 行目：リード名（通常はシークエンサーの機器，flowcell 番号，flowcell 内の位置，インデックスなど）．ペアエンドリードの場合はリード 1 とリード 2 を表す数値

2 行目：塩基配列

4 行目：塩基配列の信頼性スコア

図 2.3　FASTQ フォーマット. このフォーマットでは，1 本の塩基配列について の情報が 4 行で記述されている.

　この FASTQ フォーマットによって記録された塩基配列が，一般のユーザーが扱うことのできる生データとなる．テキスト形式のデータでは，1 文字（1 塩基対）が 1 バイトのデータで表される．したがって，FASTQ フォーマットでは塩基対数のおよそ 2 倍のバイト数がデータサイズとなる．たとえば，30 億（3×10^9）塩基対の fastq ファイルはおよそ 6 GB のデータ量となる．データ量を小さくするために，テキストファイルの圧縮がしばしば行われる．多くの解析ソフト

ウェアでは，gzip や bgzip で圧縮された fastq ファイル (*.fastq.gz)[†] を直接読み込むことができるので，圧縮したファイルをデータとして保存しておくとよいだろう．圧縮することにより，ファイルサイズは元の3分の1程度になる．

2.1.3 データのクオリティの確認

　塩基配列データを手に入れて最初にしなければいけないのはデータの**クオリティチェック**である．NGS から得られるデータは膨大で，簡単に目で見てデータのチェックを行うのは不可能である．それにもかかわらず，間違ったデータ，クオリティが低いデータを用いて解析を始めてしまうと，最初から解析をやり直さなければならないこともある．最初にデータを確認して，それが今後の解析に利用できるかどうかを確認することは非常に重要な作業である．

　データが壊れていないか，データの取り違えはないかなど，クオリティチェックにおいて検討すべき項目は多岐にわたる．形式化された手順というものは存在しないが，大量のデータを扱う際には，常にどこかで間違いが起こりうるということを念頭に入れておこう．より本格的なデータの取り扱いについては，総説[4] などを参考にしてほしい．ファイルの確認に関するいくつかの手順については，次の節で紹介することにする．

　ここで，NGS から得られたリードのクオリティチェックにおける重要な要素をいくつか考えてみよう．

(1)　低い配列読み取り率

　何らかの理由により，配列の読み取りがうまくいかない可能性がある．シークエンス装置がうまく動いていなかった可能性もあるし，解析に用いた DNA が分解していてライブラリがうまく作成できなかった可能性もある（もちろんそのような可能性を防ぐために，途中でライブラリのクオリティチェックや，装置にコントロールサンプルを流したりするのだが）．実用化されてからしばらく時間のたった装置であれば，ライブラリ作成のプロトコルや装置の運転方法

---

†コンピュータ上で，文字 * はワイルドカードとよばれ，任意の文字列を表す．

は十分吟味されているはずなので，そのような心配は必要ないかもしれないが，著しく塩基組成の偏ったサンプルや，古い DNA サンプルを用いる場合には注意が必要である．塩基の読み取り率が低い場合には，塩基配列の中に N（塩基配列未決定を表す）が多くなったり，クオリティスコアが低い塩基が多くなったりするので注意が必要である．

(2) アダプター配列の混入

シークエンスライブラリの DNA 断片の両端にはアダプターがついている（図2.2）．通常，塩基対の読み取り長は挿入されている DNA 断片よりも長く設定されているはずなのだが，DNA の断片化など，何らかの理由で読み取り長よりも短い DNA 断片が多く存在することがある．この場合，読み取った塩基配列の中に，読み取り開始点とは反対側のアダプター配列が加わる可能性がある．したがって，クオリティスコアは正常な値が得られるものの，アダプター配列を取り除かないと正確な解析ができないことがある．ゲノムへのマッピングを行うときに，末端の類似度が低い配列を無視して取り除く（クリッピングする）ソフトウェアもあるので，必ずしも必要な過程ではないが，多くのリードにアダプター配列が混入していると疑われる場合には，アダプター配列を取り除くといった作業を行ったほうがよいだろう．アダプター配列の検出と除去の詳細については本書では触れないが，そのために用いられるソフトウェアに関しては 2.1.4 項で紹介する．

(3) 個体の取り違えやコンタミネーション

上記 (1)，(2) の場合は，塩基配列のクオリティや傾向を見ることによって誤りが検出可能であるが，異なった個体の DNA を取り違えてしまった場合や，他の生物の DNA が大量にサンプルに混入していた場合は，クオリティを見ただけでは検出が困難である．このような誤りを発見するには，参照ゲノム配列に対するマッピング率[†]を確認したり，**主成分分析**（Principal Component Analysis, PCA. 第 7 章参照）などの探索的解析を行ったりして，データが正当なものであるかどうかを常に確認しながら解析を進めていかなければならない．また，

[†] 得られたリードが参照ゲノム配列にマッピングされる割合．マッピングについては第 3 章を参照．

たとえば，ミトコンドリアゲノム配列だけを決定し，データベースにある既知の配列と比較するなどの解析を予備的に行ってもよいだろう．大量のサンプルを扱う場合には特に気を付けておかなければならないことがらである．

2.1.4　塩基配列のクオリティチェック

　2.1.3 項で挙げた塩基配列の問題のうち，(1)，(2) の場合には，専用のソフトウェアを用いて fastq ファイルのクオリティチェックを行うことができる．配列のクオリティチェックで長く用いられているソフトウェアが FastQC である．FastQC では，与えられたリードから，1) リードの先頭からの位置ごとのクオリティスコアの分布，2) 塩基対ごとのクオリティスコアの分布，3) 位置ごとの塩基配列 (A, T, G, C) の割合の分布，4) 位置ごとの GC 含量（G または C が占める割合）の分布，5) リードごとの GC 含量の分布，6) 位置ごとの配列未決定塩基 (N) の割合の分布，7) リードの長さの分布，8) 重複したリード（同じ長さ，配列をもつリードの数，PCR による増幅産物であると考えられる）の数，9) 重複数の多い配列のリスト，10) 位置ごとに（あらかじめ登録された）アダプター配列が混入している割合，といった情報をグラフィカルに表示することができる．シークエンス反応がうまくいかなかった場合は配列のクオリティが低くなることがあり，調整した DNA 断片が短いものが多い場合はリードが短くなったり，アダプター配列が混入したりすることになる．それぞれの項目で，あらかじめ決められた閾値を下回るものについては，赤いバツ印で示される．

　リードのクオリティチェックやアダプター配列の除去を行うことのできるソフトウェアは FastQC だけでなく，fastp[5] や Kraken[6] などのソフトウェアもよく用いられている．また，アダプター配列の除去に特化した cutadapt[7] などのソフトウェアも多数存在する．各自の好みや実行環境と相談して，いろいろと試してみるとよいだろう．さらに，FastQC に限らず，次世代シークエンス解析データの要約を簡単にグラフィック表示することのできるソフトウェアとして，MultiQC[8] というものがあり，非常に便利である．FastQC などから得られた結果を 1 つのディレクトリに保存し，それに対してプログラムを実行するだけで，複数の個体のクオリティチェックを 1 つにまとめた HTML 形式

20 2 シークエンスデータとクオリティチェック

のファイルを出力してくれる．次節では，これらのソフトウェアを実際に使用してみることにする．

2.1.5 塩基配列の編集

テキストファイルで情報を保存する利点は，配列の名前を変えたり，配列の編集を行ったりといった作業が，専用のソフトウェアを用いなくても可能である点である．ただし，`fastq` ファイルのようにサイズの大きいテキストファイルは，Windows のメモ帳や macOS のテキストエディットのような通常のテキストエディタアプリケーションでは処理できないことが多い．本書で推奨する UN*X 環境では，`less` や `cat` コマンドを使って `fastq` ファイルを表示することができるし，`sed` コマンドを使って文字列の置換を行うことも可能である．また，Python などのプログラミング言語を用いると，専用のソフトウェアよりは時間がかかるかもしれないが，自分の思いどおりの作業を行うことができる．これらの便利なコマンドは随時紹介し，使用した UN*X コマンドは付録 C でまとめて解説しているが，そのすべてを紹介することはできないので，各自で学習していただきたいと思う．

もちろん，大量の塩基配列を扱うための専用のソフトウェアもいくつか公開されている．たとえば，Seqtk[9] や Seqkit[10] などのソフトウェアは非常に高速に塩基配列ファイルを扱うことができる．FASTQ フォーマットからクオリティスコアのない **FASTA フォーマット**[†] への変換や，決まった配列の抜き出し，ランダムな配列の抜き出し，配列の名前の変更などの作業を行うことができる．このようなソフトウェアを利用しながら，塩基配列生データを処理していくとよいだろう．

2.2　シークエンスデータの操作

それでは実際に配列データを操作しつつ，解析の流れを見ていこう．ここで

[†] 配列の名前の先頭に "**>**" を加え，改行を挟んだのちに配列を表記するフォーマット．複数配列を 1 つのファイルに記載することも可能である．

は/data/2/ディレクトリにある SP01_R1.fastq.gz, SP01_R1.fastq.gz という 2 つのファイルを用いる．これらの架空の生物由来のデータは，北海道札幌市で採取された *Fictus yaponesiae* の DNA から作成されたライブラリを Illumina 社の NGS にかけ，およそ 450 bp の長さの DNA 断片の両側をペアエンドシークエンスとして 150 bp ずつ読んだ配列である．1 つの断片につき得られる 2 つのリードが，それぞれのファイルに対応している．通常，このようにペアエンドリード（それぞれフォワード，リバースリードとよぶ）を別のファイルに保存する形でデータを整理することが多いが，対応する 2 つの配列を 1 つのファイルの中で交互に並べていく方法（interleaved sequences とよぶ）も存在する．ここで，ファイルの拡張子が.gz であるのは，テキストファイルを gzip や bgzip コマンドを使って圧縮しているためである．

2.2.1 配列の表示・確認

UN*X システムにおいてテキストファイルを表示するコマンドに less がある．圧縮ファイルを閲覧するための zless というコマンドも存在するが，多くの環境では less コマンドで表示が可能である．ファイルがカレントディレクトリ（ユーザーが現在いるディレクトリ）にあることを確認したのち，次のコマンドを打って画面に配列を表示してみよう[†]．

```
%less SP01_R1.fastq.gz
```

すると，画面にファイルの内容が表示される．矢印カーソルの上下で画面をスクロールさせることができる．終了するには q を押すとよい．他にもテキストファイルを表示する方法はあり，よく使われるものとして cat や zcat がある．zcat は gzip などで圧縮されたファイルを表示する．ただし，cat はファイルの内容すべてを画面に出力するので，巨大なファイルの表示には向かない．そのような場合には，ファイルの先頭だけを表示する head と組み合わせて使うとよいだろう．次がその例である．

[†] 最初に示されている文字%はプロンプトとよばれる（付録 A.1.1 参照）．

22 　2　シークエンスデータとクオリティチェック

```
%zcat SP01_R1.fastq.gz | head -4
```

　zcat コマンドの後ろにある記号 "|" はパイプとよばれ，これを入力すると前のコマンドの出力が次のコマンドの入力として渡される．つまり，この例では zcat で fastq ファイルの内容が出力され，それが次の head に渡されている．head はデフォルトで最初の 10 行を表示するコマンドで，上の例では "-4" というパラメータが渡されているので，4 行が出力される．ファイルの末尾を表示するコマンドとして tail があるので，必要なときはこちらも利用するとよい．

　上記のコマンドを用いてファイルの内容を出力すると，次のような出力が得られる．

```
@HK01_1-2351370/1
TAAAAGGAAACCCTTGTTCGCTAATCCTCCAAAAGTGGGGTTTTTCGAATTTCTAGTTAAATTTCTAGGT
AAGATCATAGACCTCCTTATTGCGCATTGAATGCAAATGCAGAGAGGACGAGAGAGAGCAGCTGCGGAGA
GCACGATGCA
+
CCCGGCGGCGGGGJJCJGJJ1JJJCCJJJJJCGJJJJJJJGJ8JGJJGGGJGJGGJGJGJGC8JJGGGGC
GGCGGGCG1G=$GGG=GGGCGCCGCCGGG$1=GCGGGGGGGGGGCCG=CCC=GG$GGGGGGGGGGC=GCG
GGGGCCGGG=
```

この表示例では，右端で文字列が折り返されていることに注意しよう．続けて次のコマンドを打つ．

```
%zcat SP01_R2.fastq.gz | head -4
```

すると，次の画面が表示される．

```
@p1_1-2351370/2
GGGAATAACTGAGCGAGTTTGGCGGCGGTGCGGCCTTTTTATACTGCCCCTGCAATCGGCACTCGGCTCA
TTACACGAAGCTGCCAAAAGAGAACGCTCTCTCGGGCGTTCCGCCGAGAGTATGCCTGTTCATTCCAGTA
TATGCGTCGA
+
CCCGGGGGGGCGCJJ1G=JJJJJJ$$JJJJ1CGG=JJJGGGGJGGJGJJGGGJ=$J=JG$GGCG$CGG=J
```

```
JGCGGGGCGCG$GC=GCCGGC8GGGGGC=GC8CJJ=CCGGG=GGG8CGC=GGCC($GGC1GGCG=$$GGG
GCGCGCGC1G
```

2つの表示を見比べてみよう．1つ目のファイルでは最初の配列の名前は
SP_1-2351370/1 となっており，2つ目のファイルでは SP_1-2351370/2 と
なっている．シークエンサーやその後の解析ソフトウェアの種類によって表記
が異なることがあるが，この例では，"/1" と "/2" という文字で，対応するペ
アエンドリードが示されていることがわかる．実験によっては，ある DNA 断
片の片側のリードのみきちんと読めて，反対側のリードは読めなかったという
ことがよく起こる．そのようなリードがデータに含まれていると，片方のファ
イルにだけリードが存在する DNA 断片があることになり，配列のマッピング
ソフトウェアがエラーを出力するなど，その後の解析に影響を与えることがあ
る．たとえば，マッピングで広く用いられる BWA では，フォワードリード，
リバースリードが記録されたファイルの先頭からそれぞれ配列を読み込み，同
じ順番のものを同じ DNA 断片由来のリードとして扱うため，それぞれのファ
イルに含まれた配列の数が異なっているとエラーを返す．今回のデータでその
ようなことが起こっていないか，ファイルの行数を次のコマンドで確かめてみ
よう．zcat と，ファイルの行数を確認するコマンド wc を組み合わせて次のよ
うにタイプする．

```
%zcat SP01_R1.fastq.gz | wc
```

すべての行をカウントするので少し時間がかかるが，次のように3つの数字が
表示される．

```
10345564 10345564 831706850
```

左からファイルの行数，単語数，バイト数（文字数）が表示されている．この
ファイルは 10,345,564 行からなるということがわかるだろう．FASTQ フォー
マットの決まりから，この行数を4で割った値，2,586,391 がファイルに含まれ
るリードの数である．同様のコマンドを SP_R2.fastq.gz にも適用し，まった

く同じ数が出力されることを確認しよう．こういった作業もクオリティチェックの一環となる．

2.2.2 FastQC を用いたクオリティチェック

FastQC には GUI を備えたバージョンもあるが，今回はコマンドラインを用いて実行してみよう．なお，FastQC は Conda を用いてインストールできる（付録 B 参照）．FastQC は数種類の出力ファイルを作成するので，まずは出力用のディレクトリを作成しておこう．次のように mkdir コマンドを入力すると，新しいディレクトリ fastqc_results が作成される．

```
%mkdir fastqc_results
```

その後，次のコマンドで FastQC を実行する．

```
%fastqc -o fastqc_results/ SP01_R1.fastq.gz
```

すると，fastqc_results ディレクトリ以下に SP_R1_fastqc.html および SP01_R1_fastqc.zip というファイルが作成される．zip ファイルは圧縮ファイルで，それぞれの解析結果を記録したファイルが格納されている．また，HTMLファイルは Web ブラウザで表示可能なファイルで，複数の結果をまとめたものである．同様にもう 1 つのファイルについても FastQC を実行しよう．

```
%fastqc -o fastqc_results SP01_R2.fastq.gz
```

まずは SP01_R1_fastqc.html を開いてみよう．macOS や X Window System が動いている UN*X では，このファイルはウェブブラウザで開くことができる．WSL を用いて Linux を動かしている場合には，Windows 側からファイルにアクセスしてから結果を見よう．結果を図 2.4 に示す．

HTML ファイルでは以下の 10 の項目についての結果が示されている．評価される項目は FastQC のバージョンによって若干異なっており，今回示すもの

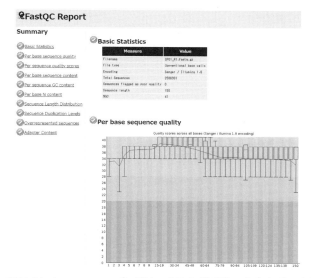

図 2.4 SP01_R1_fastqc.html を Web ブラウザで開いたところ．(1) Basic statistics と (2) Per base sequence quality が表示されている．左側のカラムは，すべての項目が合格していることを示している．

は v0.11.9 においてデフォルト設定で表示されるものである．それぞれの項目はある一定の基準で，PASS（合格），FAIL（不合格），WARN（要注意）の判定が行われる．

(1) Basic Statistics

リードについての基本的な統計量である．リードの長さや数などが示されている．リードの数 2,586,391 が，先ほど wc を使って数えたものと一致することを確認しよう．

(2) Per base sequence quality

配列の場所ごとの塩基のクオリティスコアが箱髭図で示されている．Illumina社のシークエンサーでは，最初の 5〜7 bp ほどは若干クオリティが低く，その後高いクオリティの塩基が続き，50 bp くらいから少しずつクオリティの分布が低い方向へ変化していく．50 bp 以降は複数のサイトのクオリティがまとめられて出力されているが，サイトごとに結果を出したい場合には --nogroup オ

プションを用いるとよい.

(3) Per sequence quality scores

上のグラフはサイトごとのクオリティスコアの分布であったが,この統計量は,リードごとのクオリティスコア平均値の分布を示したものである.30以上にピークをもち,ある程度の範囲に収まる分布であれば問題ないと考えられる.

(4) Per base sequence content

場所ごとの4つの塩基の組成を折れ線で示したものである.得られた配列に偏りがなくランダムであれば,どの場所でも塩基の組成は変わらないと考えられる.ゲノム配列であれば,AとTの割合,GとCの割合はそれぞれ等しくなることが予測される.

(5) Per sequence GC content

リードごとのGC含量(塩基配列中にGとCが占める割合)を示したものである.青線が正規分布を仮定して予測される分布,赤線が実測値を示している.

(6) Per base N content

配列決定が行われなかった塩基はNで表される.リードの場所ごとに現れるNの割合を示している.どこかにピークが見られるということがなければ問題はないだろう.

(7) Sequence length distribution

リードの長さの分布を表している.

(8) Sequence Duplicaiton Levels

ライブラリの作成過程でPCRによるDNA断片の増幅を行った場合には,まったく同じリードがライブラリ中に重複して現れることになる.FastQCでは,完全一致したリードどうしをPCRによる重複とみなす.75bpよりも長い配列については,50bpに切り取られて評価が行われている.ゲノムシークエンスのカバー率が高ければ,PCRによる増幅が原因ではなくても,まったく同じリードが得られることもあるので注意しよう.

(9) Overrepresented sequences

配列中の最初の 50 bp 中に同じリードが何度現れるかを数え，0.1%以上の頻度であったものを表示している．数多く現れるリードがあった場合には，サンプルのコンタミネーション，アダプター配列の混入，あるいは実験の失敗の可能性もあるので注意が必要である．

(10) Adapter content

リード中にアダプター配列が観察されるかどうかを示した図である．解読したリードの長さに比べて DNA 断片が短い場合に，アダプター配列が混入する可能性がある．アダプター配列が見つかった場合には，その部分を取り除くなどの作業が必要になるかもしれない．

2.2.3 MultiQC による要約の表示

FastQC はファイルのクオリティチェックを個別に行ってくれるが，複数のファイルのクオリティチェックを同時に行いたいときがある．先ほどの作業に引き続き，TK01_R1.fastq.gz, TK01_R1.fastq.gz という 2 つのファイルに対し，同様に FastQC による処理を行う．

FastQC は，次のように 2 つ以上のファイルを入力として受け付けることができる．

```
%fastqc -o fastqc_results TK01_R1.fastq.gz TK01_R2.fastq.gz
```

2 つ以上のファイルを 1 つずつタイプせずに入力ファイルとして与えたいときはどのようにすればよいだろうか．いくつかの方法があるが，コマンドにいくつかの引数を与える簡便な方法として xargs コマンドがある．xargs はパイプで与えられた引数のリストを，次のコマンドに受け渡すことができる．たとえば，次のコマンドは，カレントディレクトリにある*.fastq.gz と名前の付くファイルを ls コマンドによりすべてリストアップし，FastQC に引き渡す．

```
%ls *.fastq.gz | xargs fastqc -o fastqc_results/
```

続けて，より便利な MultiQC というソフトウェアを使ってみよう．MultiQC は FastQC のアウトプットだけではなく，様々な種類の NGS 解析結果ファイルをまとめて表示してくれるソフトウェアである．今回は，これまでに行った FastQC の結果をまとめて表示してみよう．上の例では，FastQC の結果は `fastqc_results` というディレクトリに保存されているので，次のコマンドを用いて MultiQC を実行する．なお，MultiQC も，FastQC 同様に Conda でインストール可能である（付録 B 参照）．

```
%multiqc fastqc_results -o multiqc_results
```

すると，`multiqc_results` ディレクトリに `multiqc_report.html` というファイルが作成される．これを Web ブラウザで表示したものが図 2.5 である．FastQC のそれぞれのチェック項目について，4 つのファイルの結果を同時に示したものを一覧することができる．

図 2.5　4 つの `fastq` ファイルに対する FastQC の結果を MultiQC でまとめて表示したもの．

参考文献

[1] Lewontin, R. C. and J. L. Hubby, *A molecular approach to the study of genic heterozygosity in natural populations. II. Amount of variation and degree of heterozygosity in natural populations of Drosophila pseudoobscura.* Genetics, 1966. **54**(2): pp. 595–609.

[2] Harris, H., *Enzyme polymorphisms in man.* Proceedings of the Royal Society of London. Series B, Biological Sciences, 1966. **164**(995): pp. 298–310.

[3] Cartwright, R. A. and D. Graur, *The multiple personalities of Watson and Crick strands.* Biology Direct, 2011. **6**(1): p. 7.

[4] Hemstrom, W., et al., *Next-generation data filtering in the genomics era.* Nature Reviews Genetics, 2024. **25**(11): pp. 750–767.

[5] Chen, S., et al., *fastp: An ultra-fast all-in-one FASTQ preprocessor.* Bioinformatics, 2018. **34**(17): pp. i884–i890.

[6] Davis, M. P. A., et al., *Kraken: A set of tools for quality control and analysis of high-throughput sequence data.* Methods, 2013. **63**(1): pp. 41–49.

[7] Martin, M., *Cutadapt removes adapter sequences from high-throughput sequencing reads*, EMBnet.journal, 2011. **17**(1).

[8] Ewels, P., et al., *MultiQC: summarize analysis results for multiple tools and samples in a single report.* Bioinformatics, 2016. **32**(19): pp. 3047–3048.

[9] *seqtk.* Available from: https://github.com/lh3/seqtk

[10] *Seqkit.* Available from: https://bioinf.shenwei.me/seqkit/

Chapter

3

多型の検出

3.1 多型とは

塩基配列の違いの検出は，NGS の導入当初からの問題であり，様々な手法が開発されてきた．現在では，SNP や短いインデルについては，解析手法がほぼ固まりつつある．本章では，1 塩基の違いや短い挿入欠失の検出について解説する．

最初に，しばしば混乱が見られる「ゲノムの違い」について最初に触れる．ゲノムの違いは**多型**，**変異**，**突然変異**，**多様性**，**多様体**など，様々な用語が使われている．分野によってはこれらを区別せずに使うこともあり，混乱を生じる可能性もあるため，ここで簡単に整理したい．

DNA の複製のエラーなどが原因となって，ゲノムに突然変異が生じる．突然変異が生殖細胞系列（精子または卵子などの配偶子とその祖先細胞）のゲノムに生じた場合は，次世代に伝わりうる．一方，生殖細胞系列以外の細胞に生じた場合は，体細胞変異となり，次世代に遺伝しない．遺伝しうるゲノムの違いを遺伝的多様性とよぶ．次世代に遺伝した変異の中の一部が，遺伝的浮動などの要因により集団内で頻度を上昇させる．集団内での頻度が一定の割合以上（1%以上の基準がよく使われる）に達したものを「多型」とよぶ．集団中の頻度が低いものも含め，すべての遺伝的多様性は（用語は必ずしも確立していないが），多様性，多様体（またはバリアント）とよばれる．進化研究では，**SNPチップ**のような技術で得られる多型を用いた研究と，頻度によらずあらゆる遺伝的多様性を用いた研究が行われる．したがって，がん細胞のみで見られる変

異を「多型」とよぶと誤りである．また，ヒトの遺伝的多様性に関する研究で，「変異を解析した」と述べると，これも誤解を招く場合がある．分野によっても用語は異なるので注意が必要である．本書は主に頻度が高い遺伝的多様性を用いた解析が行われるため，本章では，混乱を避けるため頻度にかかわらず「多型」と記載する．

3.2　データのフォーマット

多型検出のためのデータ解析の各ステップで，様々なフォーマットのファイルが作成され，次の解析の入力として使用される．フォーマットに関する知識は，データのクオリティの検討やプログラムを作成して解析する場合に必須であるため，まずフォーマットについて述べる．

解析の流れとそれぞれの解析の入力と出力形式を**図3.1**に示した．ファイルのフォーマットとして，1) シークエンサーが出力する塩基配列の**FASTQフォーマット**（第2章参照），2) マッピング結果を保存する**SAMフォーマット**，3) SAMフォーマットのファイルを圧縮した**BAMフォーマット**または**CRAMフォーマット**，4) 多型や変異の結果を記載する**VCFフォーマット**などが存在する．

3.2.1　SAM, BAM, CRAMフォーマット

SAMフォーマットはSequence Alignment/Map Formatの略であり，マッピングの結果を記載する形式である．次世代シークエンサーにより，100〜150塩基程度の短いリードが大量に得られる．そのため，ほとんどの解析では，それぞれのリードがゲノム配列のどこに由来するのかを決定する必要がある．このため，次世代シークエンサーのリードを，多少の違い（エラーや多型）を許容しつつゲノム配列内の類似性が高い箇所を検索する処理が行われる．この処理を**マッピング**とよぶ．SAMフォーマットでは，原則として1つのマッピング結果が1行に記載される．1本のリードが1箇所にマッピングされた場合は1行，複数箇所にマッピングされた場合は複数行になる（**図3.2**）．"@"から始まるヘッダー行に，マッピングのコマンドやマッピング対象の染色体の長さな

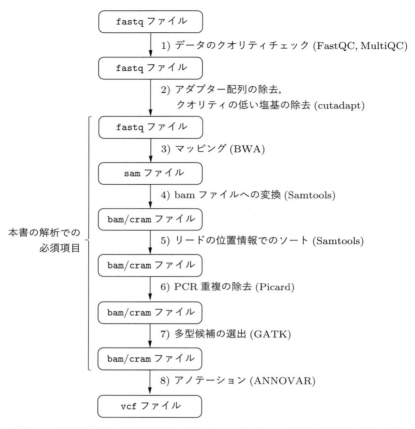

図 3.1 遺伝的多様性の検出の流れ．データのクオリティの確認から多型の検出，遺伝子情報の付加（アノテーション）の各ステップのファイルのフォーマットとソフトウェアを示した．

どが記載される．マッピング情報としては，リード名，マッピングの状態を示すフラグ (flag)，染色体，染色体上の位置（リードの上流の位置），マッピングクオリティ（2.2.1 項参照），アラインメントの状態を表す CIGAR 文字列，ペアのリードがマッピングされた染色体（ペアエンドの場合，同じなら "="），ペアリードの位置，ペアリードとの距離，塩基配列，ベースクオリティが記載される．SAM フォーマットのデータを扱うソフトウェアとして最もよく使われているものが Samtools である．

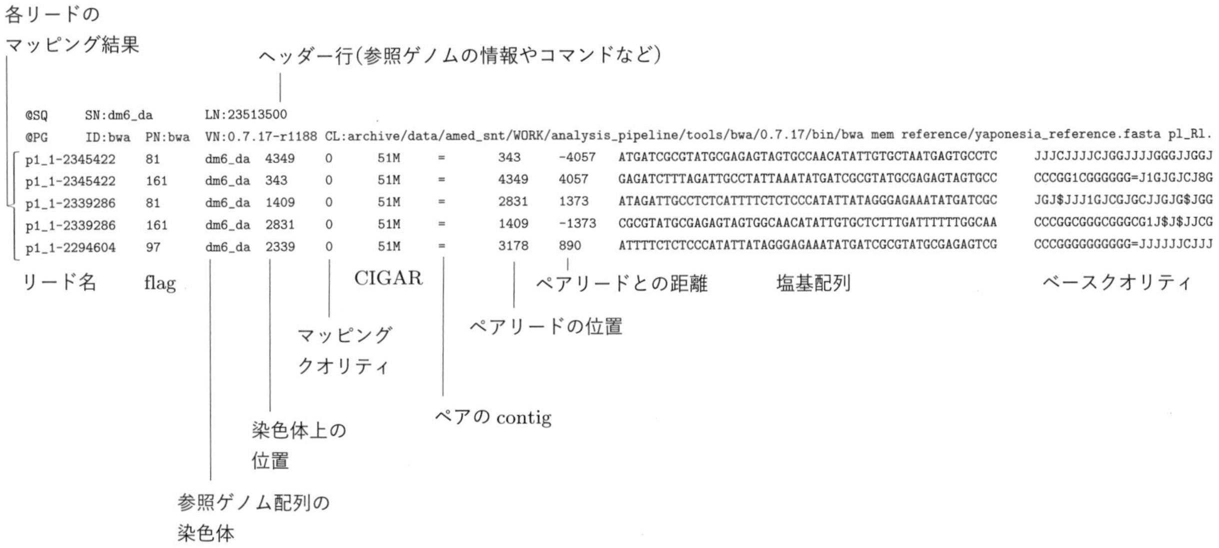

各リードの
マッピング結果

ヘッダー行（参照ゲノムの情報やコマンドなど）

```
@SQ  SN:dm6_da   LN:23513500
@PG  ID:bwa  PN:bwa  VN:0.7.17-r1188  CL:archive/data/amed_snt/WORK/analysis_pipeline/tools/bwa/0.7.17/bin/bwa mem reference/yaponesia_reference.fasta p1_R1.
```

									塩基配列	
p1_1-2345422	81	dm6_da	4349	0	51M	=	343	-4057	ATGATCGCCTATGCCGAGAGTAGTGCCAACATATTGTGCTAATGAGTGCCTC	JJJCJJJJCJJGGJJJJJGGGJJJGGJ
p1_1-2345422	161	dm6_da	343	0	51M	=	4349	4057	GAGATCTTTAGATTGCCTATTTAAAATATGATCGCCTATGCCGAGAGTAGTGCC	CCCGG1CGGGGGG=J1GJGJCJ8G
p1_1-2339286	81	dm6_da	1409	0	51M	=	2831	1373	ATAGATTGCCTCTCATTTTCTCTCCCATATTATAGGGAGAAATAGTATCGC	JGJ$JJJ1GJCGJGCJJGJG$JGG
p1_1-2339286	161	dm6_da	2831	0	51M	=	1409	-1373	CGCGTATGCGAGAGTAGTGCCAACATATTGTGCTCTTTGATTTTTTGGCAA	CCCGGGCGGCGGGCG11J$JJJCG
p1_1-2294604	97	dm6_da	2339	0	51M	=	3178	890	ATTTTCTCTCCCATATTATAGGGAGAAATAGTATCGCGTATGCCGAGAGTCG	CCCGGGGGGGGGG=JJJJJCJJJ

リード名 　flag 　参照ゲノム配列の染色体 　染色体上の位置 　マッピングクオリティ 　CIGAR 　ペアのcontig 　ペアリードの位置 　ペアリードとの距離 　塩基配列 　ベースクオリティ

図3.2 塩基のマッピングの結果を表記するSAMフォーマット。"@"で始まるヘッダー（参照ゲノム配列、マッピングに用いたコマンドなどの情報が記載される）に続いて、1つのマッピング結果が1行で記載される。NGSの場合、ほとんどのリードのマッピング結果が1行で記載されるが、1本のリードが複数箇所にマッピングされた場合は複数行で記載される。

34 3 多型の検出

マッピングの状態を示す flag は，様々な項目の有無を 0 と 1 の羅列で 11001 のように記載し，10 進数に変換した数値で表記されている．たとえば，2 進数列の右端から 1 番目はリードがペアか否か，2 番目はアラインメントが適正かどうか，3 番目はマッピングされたかどうか，4 番目はペアのリードがマッピングされたかどうかが記載される．4 つの項目を例とすると，ペアエンド法でシークエンスされたデータで，ペアの両方が適正にアラインメントされている場合，0011 となる．これを 2 進数の整数とみなし 10 進数に変換すると 3 となる．このようなルールに従い，全部で 12 種類のマッピングに関する情報が記載されている．各種類の意味は，SAM フォーマットの Web ページを参照してほしい[1]．また，Explain SAM Flags ページ[2] や Samtools の flags オプションを用いてフラグを解釈することができる[2]．なお，自作のプログラムでフラグを解釈したい場合は，各桁が 0 または 1 であるかを論理演算子（Python や Perl では "&"）で条件判定すればよい．

データ解析において，flag を解釈することが有用な場合がある．たとえば，肝臓がんのゲノムには B 型肝炎ウイルス (HBV) の組み込みがしばしば存在する．組み込みの箇所を同定するには，flag を解釈して片方がヒトゲノムにマッピングされ，もう片方がマッピングされていないリードペアを探して，マッピングされていないリードを HBV のゲノム配列に対してマッピングすることで簡単に検出することができる．他にも，挿入や構造異常の解析にも有用な場合が多い．

CIGAR は，リードの配列のアラインメントの状態を示している．M は参照ゲノム配列にアラインメントされている（塩基置換の有無は考慮しない），I は挿入，D は欠失，S や H はアラインメントされていないことを意味する．なお，H の場合はリードの一部が別の箇所にマッピングされている（したがって，マッピングの結果が複数行になる）ことを示す．たとえば，64M1I86M は最初の 64 bp がアラインメントされて，1 bp の挿入があり，残りの 86 bp がアラインメントされていることを表す．95S28M1D28M は，最初の 95 bp がアラインメントされず，28 bp がアラインメントされ，1 bp の欠失があり，最後の 28 bp もアラインメントされていることを表す．この情報も，解析のために有用な場合がある．

図 3.3 に示した項目の後にも情報が付加されることがある．たとえば，塩基置換の箇所，他にマッピングの候補場所が存在した場合はその箇所の情報，リー

ドグループ（後の解析で1つとして扱うグループの名称）などが記載される．また，ユーザーが自分で情報を付け加えても，大抵のソフトウェアは問題なく動作する．

マッピングの情報をテキスト形式で記載したものがSAMフォーマット，それを圧縮したものがBAMフォーマットやCRAMフォーマットである．CRAMフォーマットはBAMフォーマットより新しい形式であり，圧縮率が高い．各フォーマットどうしの変換は，Samtoolsで行うことができる（3.3.2項）．

3.2.2 VCFフォーマット

VCFとは，Variant Call Formatの略であり，多型や変異を記載するためのフォーマットである（図3.3）．一般的には多型や変異はゲノム上の位置でソートされており，各行が1つの多型または変異についての情報である．複数個体の情報を記載することも可能である．

vcfファイルは，"##"で始まるメタ情報行に詳細な情報が記載されている．たとえば，ソフトウェアのバージョンや参照ゲノム配列の位置，略号の意味などが記載されている．図3.3の例では，ACは"Alelle Count"（アレル数）を表していることなどがわかる（10行目）．

#CHROMから始まるヘッダー行には，各列のデータの種類が記載されている．サンプル名もここに記載される．図の例では，1列目から，染色体，染色体上の位置，多型のID（データベースに存在した場合），参照ゲノム配列，アレル，ジェノタイピングのクオリティ，フィルターを通ったかどうか，多型の情報，各個体のデータのフォーマット，各個体の遺伝型や情報である．各アレルは数値で記載され，参照ゲノムのアレルが0，それ以外のアレルが順に1, 2,...とされる．各個体の遺伝型はパイプ"|"で区切り，0|1のように記載される．図の一番上の多型では，REF（参照ゲノム配列）がGでありALT（参照ゲノム配列ではないアレル）がAであるため，0|1の個体の遺伝型はG/Aであることがわかる[3]．

```
##fileformat=VCFv4.2
##fileDate=20200714
##source=SLiM
##INFO=<ID=MID,Number=.,Type=Integer,Description="Mutation ID in SLiM">
##INFO=<ID=S,Number=.,Type=Float,Description="Selection Coefficient">
##INFO=<ID=DOM,Number=.,Type=Float,Description="Dominance">
##INFO=<ID=PO,Number=.,Type=Integer,Description="Population of Origin">
##INFO=<ID=GO,Number=.,Type=Integer,Description="Generation of Origin">
##INFO=<ID=MT,Number=.,Type=Integer,Description="Mutation Type">
##INFO=<ID=AC,Number=.,Type=Integer,Description="Alele Count">
##INFO=<ID=DP,Number=1,Type=Integer,Description="Total Depth">
##INFO=<ID=MULTIALLELIC,Number=0,Type=Flag,Description="Multiallelic">
##FORMAT=<ID=GT,Number=1,Type=String,Description="Genotype">
#CHROM POS ID REF ALT QUAL FILTER INFO  FORMAT 10 11 12 13 14 15 16 17 18 19
1 559  . A T 1000 PASS MID=19116750;S=0;DOM=0.5;PO=1;GO=9659;MT=1;AC=6;DP=1000  GT 010 011 010 010 110 010 011 011 011
1 852  . A T 1000 PASS MID=69060293;S=0;DOM=0.5;PO=1;GO=6422;MT=1;AC=20;DP=1000 GT 111 111 111 111 111 111 111 111 111
1 1485 . A T 1000 PASS MID=20362428;S=-8.16965e-06;DOM=0.1;PO=1;GO=2546;MT=2;AC=20;DP=1000 GT 111 111 111 010 011 010 010 010 110
1 1770 . A T 1000 PASS MID=194338680;S=-4.203866e-06;DOM=0.1;PO=1;GO=9708;MT=2;AC=3;DP=1000 GT 111 111 111 010 011 111 111 111 111
1 2403 . A T 1000 PASS MID=24720641;S=0;DOM=0.5;PO=1;GO=3091;MT=1;AC=20;DP=1000 GT 111 111 111 111 111 111 111 111 111
1 3312 . A T 1000 PASS MID=173797590;S=0;DOM=0.5;PO=1;GO=9391;MT=1;AC=14;DP=1000 GT 110 111 110 111 111 110 111 111 011
1 3482 . A T 1000 PASS MID=76817254;S=0;DOM=0.5;PO=1;GO=7041;MT=1;AC=20;DP=1000 GT 111 111 111 111 111 111 111 111 111
```

メタ情報行
ヘッダー行
各個体の遺伝型
各個体のデータのフォーマット（GT なので各個体の Genotype が記載される）
多型の情報
フィルターを通ったかどうか
ジェノタイピングのクオリティ
アレル
参照ゲノム配列
多型の ID
染色体上の位置
染色体

図 3.3　多型や変異を記述する VCF フォーマット．メタ情報行とヘッダー行に続き，1 行につき 1 つの多型の情報が記載される．各個体の遺伝型に加えて，p 値などの情報が記載されることがある．各項目の詳細はメタ情報行から得ることができる．

3.2.3 GVCF フォーマット

　集団データの解析には，複数個体のデータの統合が必要となる．また，複数個体を考慮することで，多型検出の正確度を向上させることもできる．複数個体を考慮した多型検出はジョイントコールとよばれている（ジョイントコールの重要性については第 12 章を参照）．ジョイントコールを行うためには，各サンプルの多型検出の際に，結果を多型が存在しないサイトの情報も含む GVCF フォーマットで出力する．その後，全個体の GVCF ファイルのデータを 1 つのファイル（GenomicsDB フォーマット）にまとめ，このファイルを入力として多型検出を行う．実際のジョイントコールについては GATK（3.3.4 項で後述）のサイト [6] を参照してほしい．

3.3　シークエンスデータ解析

　NGS のデータは，以下のような流れで解析される（図 3.1）．1) シークエンスデータのクオリティチェック，2) アダプター配列などの余分な配列やクオリティが低いリードの除去，3) マッピング，4) ゲノム配列の位置でのソート，5) PCR 重複の除去，6) 多型検出，7) 検出された多型のアノテーション（非同義，同義，イントロンなどの多型の性質の判定），である．このうち 1) や 2) については第 2 章ですでに解説済みである．これらの前処理は省略することが可能な場合もある．特に，クオリティが高いことが確実なデータ（大型プロジェクトのデータの再解析，アダプター配列が存在しないと考えられる場合，データのクオリティについての報告があり信頼できると考えられる場合）では省略可能かもしれない．

3.3.1　BWA によるマッピング

　マッピングは，ゲノム研究において最も基本的かつ重要なプロセスであり，30 年以上にわたり研究されている．現在のマッピングにおいては，**ハッシュテーブルアルゴリズム**や **Burrows–Wheeler 変換アルゴリズム**を用いて参照ゲノム配列のインデックスが作成され，リード内の部分配列と一致する参照ゲ

ノム配列内の位置を高速で検索する．その後，その周辺配列とリードの全長を
Smith–Waterman アラインメントなどを用いて比較する方法（seed-extension
法）が用いられている．

　以下では，BWA（バージョン 0.7.17）を用いたマッピング例を示す[4]．な
お，BWA は Conda を用いてインストールできる（付録 B 参照）．まず，データ
ディレクトリ（/data/3/）にある参照ゲノム配列の FASTA フォーマットファ
イル（yaponesia_reference.fasta）からマッピングに用いるためのインデッ
クス（索引）の作成を行う．インデックスファイルは最初に一度だけ作成し，そ
の後の解析では繰り返し用いる．インデックスは，次の index コマンドで作成
できる．

```
%bwa index yaponesia_reference.fasta
```

これを実行すると，拡張子が.amb，.ann，.bwt，.pac，.sa のファイ
ルが作成される．次に，/data/2/にある SP01_R1.fastq.gz と SP01_R2.
fastq.gz を指定して，mem コマンドでマッピングを行う．

```
%bwa mem -R ’@RG\tID:SP01\tSM:SP01’ yaponesia_references.festa
SP01_R1.fastq.gz SP01_R2.fastq.gz > SP01.sam
```

結果は SAM フォーマットのファイル SP01.sam に書き込まれる．ここで，
’@RG\tID:SP01\tSM:SP01’ はリードグループ名（単一の実験（シークエン
スのラン）からのデータで得られたリード群）である．リードグループ名を -R
オプションで与える必要があるかどうかは，BWA のバージョンによる．今回
用いた bwa-0.7.17 では指定しないと後でエラーが起こるので注意されたい．

3.3.2　BAM フォーマットへの変換とゲノム配列の位置でのソート

　SAM フォーマットからより容量の小さい BAM フォーマットへの変換は，Sam-
tools を用いて行うことができる．なお，Samtools のインストールは Conda を
用いて行うことができる（付録 B 参照）．SAM フォーマットから BAM フォー
マットへの変換は，次の view コマンドで行われる．

```
%samtools view -b SP01.sam > SP01.bam
```

マッピング結果の bam ファイルでは，リードはゲノム上の位置とは関係ない順で出力されている．後の処理では，リードはマッピング結果で得られたゲノム上の位置に基づいてソートされている（並べ替えられている）必要がある．ゲノム上の位置でのソートは次のコマンドで行われる．

```
%samtools sort -o SP01.sort.bam SP01.bam
```

また，今後の解析のために，bam ファイルのインデックスも作成する．

```
%samtools index SP01.sort.bam
```

BAM フォーマットよりも圧縮率が高い CRAM フォーマットへ変換したい場合は，次のコマンドで行える．

```
%samtools view -C -o SP01.sort.cram -T yaponesia_reference.fasta SP01.sort.
bam
```

3.3.3 PCR 重複の除去

NGS では，ライブラリ作成（シークエンスのための下処理）の過程で PCR 法が用いられることがある．この結果，ある DNA 断片が PCR 法で増幅され，複数回シークエンスされることがある．同一の分子が複数回シークエンスされていた場合，その分子に存在するエラーが多型や変異として検出される可能性が高くなるため，1 分子を残して残りを捨てる処理（PCR 重複の除去）が行われる（図 3.1）．

PCR 重複の除去は Picard を用いて行われる．Picard は Conda を用いてインストールすることができるが，その場合 Picard がうまく動かない場合があるので，ここではファイル picard.jar に通したパスを指定して実行している（付録 B 参照）．以下のコマンドラインの $PICARD の箇所に，パスを含ん

だ picard.jar までの文字列を入れるとよい[†]．ここでは，PCR 重複の除去を
行ったファイルに SP01.sort.mark.duplicate.bam という名前を付けて出力
している．また，PCR 重複に関する情報を SP01.matrix.txt ファイルに出力
している．

```
%java -Xmx1g -Xms1g -jar $PICARD MarkDuplicates INPUT=SP01.sort.bam OUTPUT
=SP01.sort.mark_duplicate.bam METRICS_FILE=SP01.matrix.txt
```

また，今後の解析のために，bam ファイルのインデックスも作成する．

```
%samtools index SP01.sort.mark_duplicate.bam
```

3.3.4 多型の検出

多型の検出は，ここまでで作成した bam ファイルを用いて行う．正確な多型
検出のためには，様々なタイプのエラーを考慮する必要がある．多型検出におけ
るエラーは，いくつかに分類される．シークエンスエラー，マッピングエラー，
アラインメントエラーである．シークエンスエラーは，塩基配列決定の際に一
定の割合でリードに生じる．リード内の各塩基のクオリティは，ベースクオリ
ティに反映されており，ベースクオリティの考慮がエラーの除去に有用である
と考えられる．マッピングエラーは，マッピングの位置の間違いである．マッ
ピングエラーにより生じたエラーは，ベースクオリティを考慮しても除くこと
ができないため，マッピングの信頼性を考慮して行われる．一般に，マッピン
グプログラムは，マッピングの信頼度の指標（マッピングクオリティ）を出力
し，それを用いることでマッピングの確からしさを評価する．また，短い繰り
返し配列などがアラインメントのエラーの原因になりうる．そのため，ここで
紹介する **GATK** ソフトウェア[5] の HaplotypeCaller はリードアラインメント
を再度行うことで，アラインメントの間違いを除いている．このほか，2 つのア
レルのベースクオリティの比較，ストランド（アレル間での ＋ 鎖と － 鎖のリー

[†] Conda を利用して Picard をインストールした場合には，picard Markduplicates で実行可
能である．

ドの割合）の偏り，リード内の位置の偏り，リードのマッピングクオリティの偏りなどの特徴が解析され，確からしい多型が報告される（解析の項目はバージョンに依存する）．多型候補の出力は vcf ファイルに出力され，項目は INFO 列（図 3.3 参照）に記載される．

GATK のインストールは Conda を用いて行うことができる（付録 B 参照）．ここで用いているバージョンは 4.3.0.0 である．GATK のバージョン 4 はバージョン 3 から大幅にアップデートされているため，Conda を用いてインストールする場合は，gatk4 としてインストールする必要がある（実行コマンドは gatk）．GATK を用いた多型検出では，参照ゲノム配列のインデックスファイル（以下の例では yaponesia_reference.dict ファイル）を作成する必要がある．作成のコマンドを次に示す．

```
%java -Xmx1g -Xms1g -jar $PICARD CreateSequenceDictionary
R=yaponesia_reference.fasta O=yaponesia_reference.dict
```

GATK を用いた多型の検出のコマンドを次に示す．ここでは，-R オプションで参照ゲノム配列のファイル，-I オプションで PCR 重複を除去した bam ファイル，-o オプションで vcf ファイルを指定している．

```
%gatk --java-options -Xmx2g HaplotypeCaller -R yaponesia_reference.fasta
-I SP01.sort.mark_duplicate.bam -O SP01.vcf.gz -bamout
SP01.sort.mark_duplicate.GATK.bam
```

3.3.5 解析パイプライン作成による自動化

ここまでで紹介した複数のプログラムを順に実行することで多型のリストが得られる．しかし，多数の個体についてコマンドを 1 つずつ実行するのは面倒であり，間違いの原因にもなる．そのため，解析コマンドを順にファイルに記載することで，一度の実行ですべてのコマンドを実行する解析パイプラインを作成する．解析パイプラインは，並列化による高速化などの機能をもつことも多いが，ここでは 1 CPU を用いた解析の例を示す．

一般に，解析パイプラインの作成には，シェルスクリプトを用いることが多い

42　3　多型の検出

（Python など他のプログラミング言語でも作成できる）．以下に解析パイプラインの例を示す．このファイル名などを引数として与えることで，任意のファイルに対して一連の解析を実行することができる（なお，参照ゲノム配列のインデックスなどは作成してあるとする）．また，今回の解析パイプラインでは省略しているが，各コマンドの後にコマンドの実行が成功したか否かの確認のために実行ステータスのチェックを行うこともある．パイプラインは自動化処理が可能となり便利である反面，間違いに気が付きにくい．初回実行時には，中間ファイルの行数の比較などを行うことで，実行が成功しているかどうかを確認する必要がある．

```bash
# mapping2variantcall.sh
#! /bin/bash
READ1=$1
READ2=$2
REFERENCE=$3
RG=$4
OUTPUT=$5
if [ ! -d $OUTPUT ]; then mkdir $OUTPUT; fi
FILENAME=`basename $READ1`
OUTPUTFILE=$OUTPUT/$FILENAME
bwa mem -t 4 -R $RG $REFERENCE $READ1 $READ2 > $OUTPUTFILE.sam
samtools view -b $OUTPUTFILE.sam > $OUTPUTFILE.bam
samtools sort -o $OUTPUTFILE.sort.bam $OUTPUTFILE.bam
samtools index $OUTPUTFILE.sort.bam
java -Xmx1g -Xms1g -jar $PICARD MarkDuplicates
INPUT=$OUTPUTFILE.sort.bam OUTPUT=$OUTPUTFILE.sort.mark_duplicate.bam
METRICS_FILE=$OUTPUTFILE.matrix.txt
samtools index $OUTPUTFILE.sort.mark_duplicate.bam
gatk --java-options -Xmx2g HaplotypeCaller -R $REFERENCE -I
$OUTPUTFILE.sort.mark_duplicate.bam -O $OUTPUTFILE.vcf.gz -bamout
$OUTPUTFILE.sort.mark_duplicate.GATK.bam
```

　上の解析パイプライン（ファイル名は mapping2variantcall.sh とした）は，次の sh コマンドで実行する．このスクリプトでは，2 つの FASTQ フォーマットのファイルと参照ゲノム配列のファイルに続けて，リードグループ名と出力ディレクトリ名を与えている．mapping2variantcall.sh は/data/3/にある．

```
%sh mapping2variantcall.sh SP01_R1.fastq.gz SP01_R2.fastq.gz
yaponesia_reference.fasta '@RG\tID:SP01\tSM:SP01' pipeline_test
```

参考文献

[1] *Samtools*. Available from: https://samtools.github.io/hts-specs/SAMv1.pdf

[2] *Explain SAM Flags*. Available from:
https://broadinstitute.github.io/picard/explain-flags.html

[3] *The Variant Call Format (VCF) Version 4.2 Specification*. Available from:
https://samtools.github.io/hts-specs/VCFv4.2.pdf

[4] Li, H., J. Ruan, and R. Durbin, *Mapping short DNA sequencing reads and calling variants using mapping quality scores*. Genome Research, 2008. **18**(11): pp. 1851–1858.

[5] Van der Auwera, G. A. and B. D. O'Connor, *Genomics in the cloud: Using Docker, GATK, and WDL in Terra*. 2020: O'Reilly Media.

[6] *GATK*. Available from: https://gatk.broadinstitute.org/hc/en-us

Chapter

4

ハプロタイプ解析

4.1 ハプロタイプとゲノム多様性

　ヒトを含む二倍体生物の常染色体には，母親と父親から受け継いだ遺伝子がそれぞれ別の染色体上に存在する．それぞれの染色体上の一方の親に由来する遺伝子やアレルの並びをハプロタイプとよぶ．ハプロタイプの情報は，集団サイズの推定など様々な集団遺伝解析に応用される．本章では SNP などの多型データからハプロタイプを推定する方法（フェージング）の原理を解説して，プログラムを使ったフェージングの実例を紹介する．

4.1.1 フェージングとハプロタイプ

　ゲノムは DNA という物質が実体を担っている．DNA はアデニン (A)，チミン (T)，シトシン (C)，グアニン (G) の 4 種類の塩基で特徴付けられるヌクレオチドが直鎖状に結合して並んだ分子である．ゲノムを情報と捉えると，塩基の並び，すなわち塩基配列が意味をもつ．SNP チップによるゲノムワイド SNP 解析や NGS による全ゲノムシークエンス解析（第 2 章参照）は，塩基配列をゲノム全体にわたって測定することができる．しかし，これらの手法を使った解析で得られるのは各 SNP の**遺伝子型**である．たとえば，二倍体ゲノム上のある SNP (SNP1) の状態を調べると，A/C のように塩基が 2 種類並列した状態が得られる（**図 4.1**）．この遺伝子型は両親から受け継いだゲノムに由来する．この例の場合，A は母親から遺伝し C は父親から遺伝したか，その逆のいずれかである．さらに，この近傍に別の SNP (SNP2) があり，遺伝子型が A/G だっ

4.1 ハプロタイプとゲノム多様性 | 45

```
--- A/C --- A/G ---

SNP1     SNP2
```

図 4.1 近接する 2 つの SNP における遺伝子型の例. どちらのアレルが母親と父親いずれに由来するのかはわからない.

た場合を考える.

SNP2 も SNP1 と同様にヘテロ接合であり，A と G はそれぞれ両親から受け継いだものであるが，A と G がそれぞれ母親と父親いずれに由来するのかはわからない. しかし，DNA が直鎖状の分子であることを思い出すと，SNP1 の A と C と SNP2 の A と G は，2 つの染色体に**図 4.2** のどちらかの組み合わせで並んでいるはずである.

```
        --- A --- A ---
①
        --- C --- G ---

        --- A --- G ---
②
        --- C --- A ---

        SNP1  SNP2
```

図 4.2 SNP1 と SNP2 の染色体上での並び（フェーズ）の組み合わせ.

このような，近接する SNP（やその他の多型）を，構成するアレルの染色体に沿った並び（フェーズ，phase）に揃えることを**フェージング** (phasing) とよび，その結果得られたアレルの並びを**ハプロタイプ**とよぶ. SNP チップは SNP の遺伝子型を測定する技術なので，ハプロタイプに関する情報は得られない. 一方，NGS は塩基配列を読み取るので，リードが 2 つの SNP を含んでいればハプロタイプを直接得ることができる. しかし，個人の平均的なヘテロ接合 SNP の距離は NGS で得られるリード長よりも長いため，ごく限られた SNP 間のフェーズしか決められない. 近年普及が進んでいるロングリードシークエンサーを用いれば，より広範囲のハプロタイプをリード情報から得ることができる. しかし，現在普及しているショートリード NGS ではゲノム全体のフェー

ジングを行うのは不可能である．そのため，ハプロタイプは統計的推定によっ
て得るのが一般的である．

本章では，SNP チップや（ショートリード）NGS で得られた遺伝子型の情
報からフェージングを行い，ハプロタイプを推定する方法を解説する．

4.1.2 統計的フェージング

物理的にアレルの並びを得ることができなくても，推定によってフェージン
グを行うことができる．図 4.2 に示した 2 つの SNP の例では，とりうるフェー
ズが 2 種類であるので，当てずっぽうでも 50％の確率で正しいフェーズを言い
当てることができる．しかし，SNP の数が増えるとフェーズの組み合わせは指
数関数的に増加する．n 個のヘテロ接合 SNP が構成するフェーズの組み合わ
せは 2^{n-1} である．統計的フェージングとは，この中から尤もらしい組み合わ
せを探索する処理である．何も仮定を置かないと，SNP の数 n の増加とともに
指数関数的に探索空間が広がってしまう．そのため，遺伝学的な仮定を置いて
効率的な探索を行うアルゴリズムが必要である．

たとえば，両親と子のゲノム情報が得られる場合は比較的単純な仮定のもと
にフェージングを行うことができる．子がもつ 2 つのアレルはメンデルの分離
の法則に従って両親のアレルを 1 つずつ受け継いでいる．ヘテロ接合している
子のアレルが両親のどちらかに由来しているのかは，両親が 2 人ともヘテロ接
合型の場合を除いて直接知ることができる．この原理に従って，子のハプロタ
イプは容易かつ正確に推定することができる（**図 4.3**）．

ただし，この手法は親子 3 人のゲノム解析が行われた場合しか用いることが
できない．血縁関係のない個人のゲノムのフェージングを行うには，集団遺伝学
的な仮定を導入する必要がある．最も単純なモデルは対象とするハプロタイプ
の頻度が**ハーディー－ワインベルグ平衡**（Hardy–Weinberg equilibrium，**HW
平衡**）に従っているという制約のもとにフェーズの組み合わせを探索するもの
である．この方法では，サンプルサイズに対してフェーズを決める SNP が多
い場合は最適な組み合わせが一定に定まらないため，ゲノム全体のフェージン
グを行うことができない．現在使われているフェージングアルゴリズムは，よ

4.1 ハプロタイプとゲノム多様性

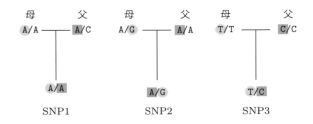

図 4.3 トリオフェージングの例. 親と子の遺伝子型の情報を知ることができれば, 子のハプロタイプが推定できることがある.

り複雑な集団遺伝学的仮定をしてゲノム全体の変異のハプロタイプ推定を行う. ハプロタイプは世代を過去に遡ると必ず共通の祖先にたどり着く. すなわち, ある個人がもつハプロタイプは同じ集団の他の人のゲノムにも存在する. この性質を利用して, ハプロタイプの探索空間を大幅に縮めることができる. 具体的には集団内に過去に生じた組換えをモデル化し, 共通祖先をもつハプロタイプの探索を行う. このアイデアを実現した Li と Stevens のアルゴリズム[1] は, 最初に PHASE プログラム[2] に取り入れられ, 統計的フェージングが現実的な時間で可能であることが示された. その後, サンプリングアルゴリズムの改良やヒューリスティックス（探索的）な手法の導入によりフェージングアルゴリズムは大幅に高速化し, ゲノムコホートなどの数万人規模のゲノムデータのフェージングも可能となっている（表 4.1）. フェージングは既知のハプロタイプを参照することによって正確度の向上と計算時間の短縮ができる. そのため, 最近のフェージングプログラムにはリファレンスハプロタイプを実行時に与えることができる. リファレンスハプロタイプとしては, 国際 1000 人ゲノム計

表 4.1 主なフェージングアルゴリズムを備えたプログラム名.

PHASE[2]
SHAPEIT[3]
Beagle[4]
EAGLE[5]

画のデータが使われることが多い.

4.2　Beagle によるフェージング

　統計的フェージングでは,解析対象の個人間のハプロタイプに共通した領域が存在することを仮定したモデルに基づいたアルゴリズムが用いられる.そのため,できるだけ大きなサンプルのデータを一度にフェージングすることにより,正確度が高い結果が得られる.フェージングの対象となるゲノムデータはVCF フォーマット(第 3 章参照)や PLINK フォーマット(第 5 章参照)など一般的な遺伝子型の保存形式に対応していることが多い.本章で扱う Beagle 5.2 は,VCF フォーマットのファイルを入力として用いる.

4.2.1　入力ファイルの準備

　入力するファイルには,誤りのある遺伝子型を含む SNP はできるだけ含まないほうがよい.多くのアルゴリズムはジェノタイピングエラーを考慮しないので,エラーを多く含むデータはフェージングの正確度を下げる原因になる.エラーが含まれる場合,HW 平衡検定やコールレート[†]に基づき変異サイトを取り除くフィルタリングは有効である(5.2.4, 5.2.5 項参照).もしインデルに関心がないのであれば,一般に SNP よりもジェノタイピングの正確度が低いので,すべて取り除いてもよいかもしれない.また,遺伝子型のコールレートが低い個体を取り除くことも有効な手段である.フェージングアルゴリズムの多くは,遺伝子型が欠損値の場合,フェージングの過程で推定したハプロタイプの情報に基づき遺伝子型を補う,インピュテーション (imputation) という機能を有している.ハプロタイプを考慮して補われた遺伝子型は正しいことが多い.低頻度のバリアント(レアバリアント)は最近生じた突然変異に起因し,まれなハプロタイプを生じるので,ジェノタイピングの正確度にかかわらず一律に取り除くのは解析時間を下げるのに有効な手段である.レアバリアントの極端な例は,集団内でただ 1 人がもつアレルによって構成されるシングルトン

[†] ジェノタイピングできた SNP の割合.

(singleton) である．シングルトンの場合は個人の 2 つのハプロタイプのどちらにアレルが帰属するかはアルゴリズムが決定できないので，最終的には 50% の確率で正解する「当てずっぽう」の結果を出力するだけになってしまうことに注意する必要がある．

4.2.2 Beagle 5.2 による解析

Beagle はワシントン大学 (University of Washington) の Browning らによって開発されているハプロタイプフェージングとジェノタイプインピュテーション（遺伝子型の推定）を行うプログラムである．Web サイトのバージョン履歴によれば，2006 年に最初のバージョンが発表されてから定期的にバージョンアップを続けている．Beagle は入力として vcf ファイルを受け付け（gt={入力 vcf ファイル名}），結果も vcf ファイルが出力される（out={出力 VCF ファイル名}）．Beagle は 1 つのサイトに 3 つ以上のアレルが存在する多型 (multiallelic polymorphism) のフェージングにも対応している．また，リファレンスハプロタイプを含む vcf ファイルを追加の入力として与えることができる（ref={リファレンス vcf ファイル名}）．リファレンスハプロタイプはフェージング済みの遺伝子型のデータで，入力ファイルのフェージングの際に，ハプロタイプのモデルとして用いられる．リファレンスハプロタイプを用いることによって，サンプルサイズが小さい場合でも正確度の高いフェージングを行うことができる．ヒトゲノムでは国際 1000 人ゲノム計画の 2,304 人のハプロタイプリファレンスがあり，Beagle の配布サイト [6] からもダウンロードすることが可能である．本項で示す実行例では，ヒト以外の生物のデータを用いるため，リファレンスハプロタイプは用いないものとする．

Beagle 5.2 のインストールは Conda を用いて行うことが可能である（付録 B 参照）．ここでは，SP 集団から選ばれた 250 個体の全ゲノムを解析した vcf ファイル (yaponesia_SP_250.vcf.gz) を用いて解析を行う．データは/data/4/にある．

データを含むディレクトリ上で，次のコマンドを用いてフェージングを行う．ここではパラメータ nthreads を用いて並列計算を行うスレッド数を指定して

50 │ 4 ハプロタイプ解析

いる．利用しているコンピュータのリソースに応じて変更するとよいだろう．

```
%beagle gt=yaponesia_SP_250.vcf.gz out=yaponesia_SP_250_phased nthreads=4
```

実行が成功すると，以下のような出力が得られる．

```
beagle.21Apr21.304.jar (version 5.2)
Copyright (C) 2014-2021 Brian L. Browning
Enter "java -jar beagle.21Apr21.304.jar" to list command line argument
Start time: 05:39 PM JST on 06 Jan 2022

Command line: java -Xmx1024m -jar beagle.21Apr21.304.jar
  gt=yaponesia_SP.250.vcf.gz
  out=yaponesia_SP.250.phased
  nthreads=4

No genetic map is specified: using 1 cM = 1 Mb

Reference samples:                    0
Study      samples:                 250

Window 1 [1:13-19999984]
Reference markers:             36,940
Study      markers:            669,587

Burnin  iteration 1:           45 seconds

Phasing iteration 1:           5 seconds
...
Phasing iteration 12:          3 seconds

Cumulative Statistics:

Study      markers:            36,940

Haplotype phasing time:        1 minute 27 seconds
Total time:                    2 minutes 32 seconds

End time: 05:42 PM JST on 06 Jan 2022
beagle.21Apr21.304.jar finished
```

4.2.3 実行結果の見方

フェージングが行われると，遺伝子型を構成する 2 つのアレルの順番が意味をもつことになる．フェージング処理前の vcf ファイルでは，ヘテロ接合の遺伝子型（FORMAT フィールドの GT）は 1/0 と表記される．これは参照型アレル (0) と変異型アレル (1) がヘテロ接合として存在していることを表すが，0/1 と表記しても意味に違いはない†．フェージングが行われるとアレルを区切る記号がスラッシュ（"/"）からパイプ（"|"）に変わる．0|1 と 1|0 はともに 0/1 と同じヘテロ接合の遺伝子型を表しているが，2 つのハプロタイプを区別している．このハプロタイプの区別はファイル全体を通じて一貫しており，パイプ記号の左側のアレルは 1 つの染色体上に存在していることを意味する．フェージングプログラムの中にはファイル内でハプロタイプを構成する SNP のセットを FORMAT の PS フィールド (phase set) で区切って出力する場合もある．

#CHROM	POS	ID	REF	ALT	QUAL	FILTER	INFO	FORMAT	SP01	SP02	SP03
1	593	.	C	T	.	PASS	.	GT	1|0	0|0	0|0
1	728	.	A	C	.	PASS	.	GT	0|1	0|0	0|0
1	764	.	C	G	.	PASS	.	GT	0|0	0|0	0|0
1	791	.	G	T	.	PASS	.	GT	0|0	0|0	0|0
1	1341	.	T	G	.	PASS	.	GT	0|0	0|0	0|0
1	1809	.	T	C	.	PASS	.	GT	1|1	1|1	1|1
1	1993	.	G	T	.	PASS	.	GT	0|0	0|0	0|0
1	2518	.	T	C	.	PASS	.	GT	0|0	0|0	0|0
1	3140	.	C	G	.	PASS	.	GT	1|1	0|0	0|0

SP01 のハプロタイプ　TACGTCGTG
　　　　　　　　　　CCCGTCGTG

図 4.4　Beagle で得られたフェージング済み VCF の例．パイプの左側と右側の数字が，それぞれのハプロタイプのアレルを表している．

4.2.4 フェージングの正確度

一般に，解析プログラムを用いた後は，目的に合う正しい結果が得られたのかを確認すべきである．フェージング結果に誤りがあると，真のハプロタイプに対して，推定結果はあるヘテロ接合 SNP を境に入れ替わる．これをスイッ

---

†アレルの定義については 6.1.2 項参照.

チエラーとよび，フェージングの正確度はヘテロ接合 SNP あたりのスイッチエラーの割合で表されることが多い．本章冒頭で述べたように直接ハプロタイプを解析できる実験技術が限られているため，推定結果の検証を行うのは難しい．フェージングプログラムの正確度の検証は，トリオでゲノム解析をしたデータを用いて得た正確なハプロタイプを正解としてスイッチエラー率を計算したり，シミュレーションで完全なデータを作りスイッチエラー率を計算したりして行われている．プログラムやデータのサイズ，リファレンスパネルの有無によって正確度が変化する．

参考文献

[1] Li N. and M. Stephens, *Modeling linkage disequilibrium and identifying recombination hotspots using single-nucleotide polymorphism data.* Genetics, 2003. **165**: pp. 2213–2233.

[2] Stephens M. and N. J. Smith, P. Donnelly, *A new statistical method for haplotype reconstruction from population data.* American Journal of Human Genetics, 2001. **68**: pp. 978–989. doi:10.1086/319501

[3] Delaneau O., J.-F. Zagury, M. R. Robinson, J. L. Marchini, E. T. Dermitzakis, *Accurate, scalable and integrative haplotype estimation.* Nature Communications, 2019. **10**: p. 5436. doi:10.1038/s41467-019-13225-y

[4] Browning B. L., Y. Zhou, S. R. Browning, *A one-penny imputed genome from next-generation reference panels.* American Journal of Human Genetics, 2018. **103**: pp. 338–348. doi:10.1016/j.ajhg.2018.07.015

[5] Loh P.-R., P. Danecek, P. F. Palamara, C. Fuchsberger, Y. A. Reshef, H. K. Finucane, et al., *Reference-based phasing using the Haplotype Reference Consortium panel.* Nature Genetics, 2016. **48**: pp. 1443–1448. doi:10.1038/ng.3679

[6] *Beagle.* Available from:
http://faculty.washington.edu/browning/beagle/beagle.html

Chapter

5

表現型の解析

5.1　表現型の特性と解析

　本章では，表現型と遺伝子型との関係について解説し，それを踏まえたうえで表現型の特性別に具体的な解析手法について説明を行う．

5.1.1　表現型とは

　表現型とは，実際に生物に表現された形質のことである．遺伝子型の対語として用いられるが，純粋なメンデル型遺伝形質のように遺伝子型のみが決定するものを除くと，表現型の多くは遺伝的要因だけでなく環境的要因の影響も受けている．環境的要因に応じて表現型が変化することを**表現型の可塑性**(phenotypic plasticity) という．また，メンデル型遺伝形質でさえも環境的要因に左右されることがあり，たとえばヒトのメンデル型遺伝疾患においては，環境的要因が浸透率（ある疾患の原因遺伝子変異をもつ場合に，実際に発症する確率）や，発症年齢などに影響することがしばしばある．1つの遺伝子型の違いが多くの表現型に影響することを**多面的作用** (pleiotropy) とよび，逆に複数の遺伝子型が1つの表現型の形成に影響することを**ポリジーン遺伝** (polygenic inheritance) とよぶ．これらは互いに排他的な関係ではなく，ある表現型をポリジーン遺伝により決定する複数の遺伝子座位の1つが，複数の異なった表現型にも関連している可能性もある（**図5.1**）．

5 表現型の解析

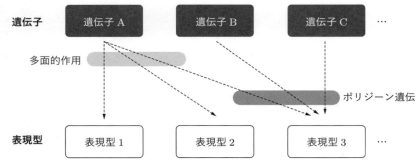

図 5.1　個々の遺伝子が表現型に与える影響の模式図.

5.1.2　ヒトにおける表現型の解析

　ここからは，最も表現型について解析される機会の多い生物種であるヒトにおける表現型の解析を例として説明していく．解析対象となる表現型は，質的表現型と量的表現型に大きく分類される．質的表現型とは，ある疾患の患者であるかそうでない（健常者）かなど，質的な差異のあるグループ（カテゴリー）に分類される表現型を指し，量的表現型とは，身長や体重，血液検査値といった連続値をとるもの全般を指す．表現型の解析では，解析対象とする表現型の特性によってアプローチの方法が大きく異なるため，よく見きわめたうえで研究計画を立てることが重要である．たとえば，図 5.2 に示すようにヒトの疾患感受性に対して遺伝子変異が与える影響の大きさは，集団内における変異の頻度が高くなるほど小さくなる傾向があることがわかっている[1]．これは，有害変異であるほど強い淘汰を受けるためであると考えると理解しやすい．そのため，メンデル型遺伝疾患のように遺伝子変異が疾患感受性[†]にきわめて強い影響を与える場合には稀少な遺伝子変異（レアバリアント）のみを解析対象とすることが多く，頻度の高い多型（コモンバリアント）は解析対象から除外する．ポリジーン遺伝形質に対しても稀少な変異は強い影響をもっていると考えられるが[1-4]，集団内における頻度の低さから**統計的検出力** (statistical power) が

[†] 人類遺伝学では疾患を発症しやすい遺伝的背景のことを便宜上，「疾患感受性 (disease susceptibility)」とよぶことが多い．たとえば，特定の遺伝子型をもつ個体の割合が疾患群と対照群で有意に異なる場合に，「この遺伝子型は〇〇の疾患感受性と関連する」のように用いる．

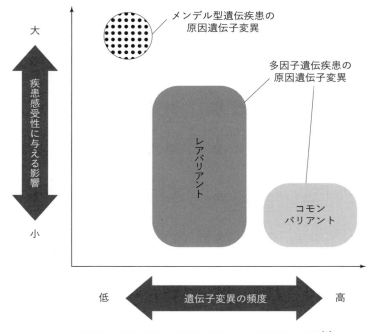

図 5.2 遺伝子変異の頻度と疾患感受性に与える影響の関係[1].

低くなるため,通常は頻度の高い多型についてまず解析することが多い[5, 6].

(1) メンデル型遺伝形質の解析

　歴史的には,遺伝学者らによってメンデル型遺伝を示す表現型に関する解析が進められた.特に,多型性の高いマイクロサテライトを用いたパラメトリックな連鎖解析により表現型と関連性の高い遺伝子領域の絞り込みを行い[7, 8],その後にその領域に焦点を絞ってダイレクトシークエンスにより原因遺伝子変異の検出を行う手法が多用された[9–11].また,NGSの普及により**全エキソーム配列解析** (Whole-Exome Sequencing, **WES**)[12] や **WGS** が可能になると,家系図から想定される遺伝様式に基づき,網羅的にSNPや短いインデルを対象とした絞り込み解析が行われるようになった(**図 5.3**).これらの網羅的な解析で候補遺伝子変異の絞り込みが困難な場合,疾患に関連する臓器や組織でのみ発現する選択的プライシングやスプライシングバリアントを発見するために,

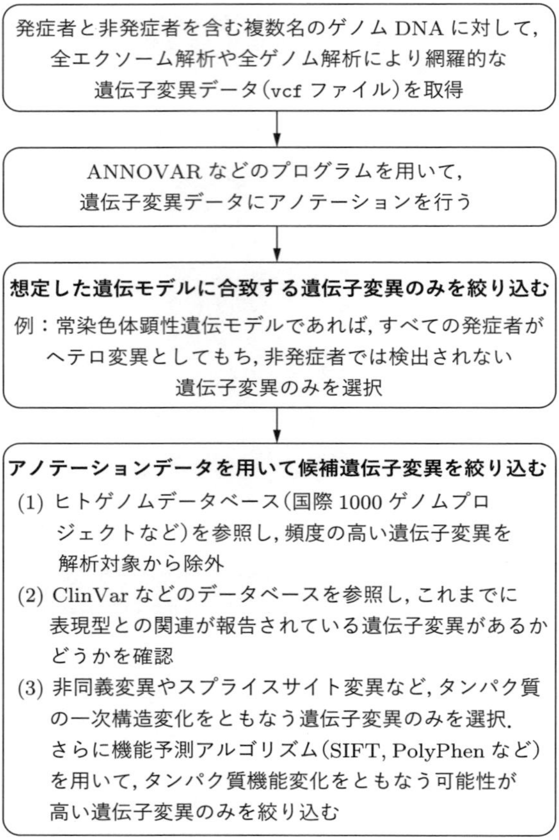

56 　5　表現型の解析

発症者と非発症者を含む複数名のゲノム DNA に対して，
全エクソーム解析や全ゲノム解析により網羅的な
遺伝子変異データ（vcf ファイル）を取得

↓

ANNOVAR などのプログラムを用いて，
遺伝子変異データにアノテーションを行う

↓

想定した遺伝モデルに合致する遺伝子変異のみを絞り込む
例：常染色体顕性遺伝モデルであれば，すべての発症者が
ヘテロ変異としてもち，非発症者では検出されない
遺伝子変異のみを選択

↓

アノテーションデータを用いて候補遺伝子変異を絞り込む
(1) ヒトゲノムデータベース（国際 1000 ゲノムプロ
ジェクトなど）を参照し，頻度の高い遺伝子変異を
解析対象から除外
(2) ClinVar などのデータベースを参照し，これまでに
表現型との関連が報告されている遺伝子変異があるか
どうかを確認
(3) 非同義変異やスプライスサイト変異など，タンパク質
の一次構造変化をともなう遺伝子変異のみを選択．
さらに機能予測アルゴリズム（SIFT, PolyPhen など）
を用いて，タンパク質機能変化をともなう可能性が
高い遺伝子変異のみを絞り込む

図 5.3　メンデル遺伝が想定される疾患家系における，NGS を用いた遺伝子解析の
ワークフロー例[13-17]．

RNA-seq などの手法を用いたトランスクリプトーム解析が行われる場合もあ
る．さらに近年，ロングリードシークエンサーの登場により，大きなサイズのイ
ンデルや逆位，転座，重複などの，いわゆる構造変異についてもより高感度で
検出できるようになった．
　個体間だけでなく，同一個体内の体細胞モザイクによるモザイク疾患や，体
細胞変異に由来する腫瘍性疾患なども，WES や WGS によって同定された変
異のうち病変部のみに確認され，健常部で確認されないものを絞り込んでいく

ことにより，原因遺伝子変異を同定できる場合がある．

(2)　ポリジーン遺伝形質の解析

　ポリジーン遺伝では，複数の遺伝子型だけではなく多様な環境的要因の影響も受けて表現型が形成される．そのため，ポリジーン遺伝により発症する疾患は，「遺伝的要因と環境的要因の片方だけでなく両方が発症に影響する」という視点から多因子遺伝疾患，あるいは単に多因子疾患とよばれ，これには糖尿病や高血圧症のような「よく見られる病気」(common disease) が多い．ポリジーン遺伝形質には多因子疾患の疾患感受性のような質的形質，血液検査値などの量的形質の両者が存在するが，いずれの解析も複数の個体を用いて表現型と遺伝子型の両者を統計学的に関連付けすることで行われる．そのため，表現型と遺伝子型の両者について統計学的に解析可能な形式でデータを作成するとともに，十分な検出力が得られるようにサンプルサイズを設定する必要がある．また，ポリジーン遺伝形質の解析では，表現型に直接関連する遺伝子型以外の雑多な遺伝的背景が解析結果に影響しないようにするため，任意交配を前提とする均質性のある集団を対象として行われる[18]．そのため，解析用のDNAサンプル採取の際に，研究対象者本人だけでなく，その父母や祖父母の出生地を聴取するなどして，遺伝的に均質性のある集団の構成員のみが対象となるように研究計画を立てる必要がある．

　まず，遺伝的背景から，解析対象集団とは別の遺伝的グループに属する個体や，別の遺伝的グループの個体との混血個体であると考えられる場合に解析対象から除外する．たとえば，日本人の本土集団を対象に解析を行う場合，これまでの知見から，外国人だけでなく，旧琉球王国にルーツをもつ人々や，アイヌ民族の人々も遺伝的に異なる集団であることがわかっているため[19, 20]，祖父母にこれらの人々を含む場合に解析対象から除外することが多い．DNAマイクロアレイや次世代シークエンシング等により，網羅的にジェノタイピングを行い解析する場合には，得られた遺伝子型のデータについて**主成分分析**を行うことで，遺伝的に外れ値である個体 (population outlier) がないかどうかを客観的に確認できる[21]．

　また，解析対象の個体どうしが親子や兄弟などの近親である場合には，解析

58 | 5 表現型の解析

対象集団の遺伝子型の分布に偏りが生じるため，いずれか 1 名のみが解析に含まれるように調整する．網羅的な遺伝子型のデータが得られる場合には，IBD（Identity By Descent. ハプロタイプ情報などから，2 つの個体間で同じ祖先に由来すると推定されるゲノム領域）の長さを計算することで，近親関係についても客観的に推定し，確認することができる[22]．

以降の (3)〜(5) では，ポリジーン遺伝形質と遺伝子多型との関連解析にについて，説明を行っていく．

(3) 質的形質と遺伝子型の関連解析

解析対象となる表現型が質的形質の場合には，表現型の違いから対象個体をグループ分けすることができる．特に，対象を表現型から 2 群にグループ分けすることが多く，たとえばある疾患について患者と健常者にグループ分けする．この場合，まずは質的表現型ごとの遺伝子型 (AA, Aa, aa) の度数を求めることにより，2×3 の分割表（**表 5.1**）を作成する[6]．この 2×3 の分割表に対してピアソンのカイ二乗検定や，フィッシャーの正確確率検定を行い統計学的有意差がある否かを調べることで，表現型と遺伝子型の間に何らかの関連があるかどうかを推定することができる．

表 5.1　質的表現型の度数に基づいた分割表.

表現型	遺伝子型			
	AA	Aa	aa	計
健常者	c	d	e	c + d + e
患　者	f	g	h	f + g + h
計	c + f	d + g	e + h	c + d + e + f + g + h

解析に先立ち，この表の度数が **HW 平衡**にあるかどうかを検定しておく[23]．HW 平衡から外れている場合，その原因として，ジェノタイピング過程のエラーがあり正しい遺伝子型が得られていない可能性や，遺伝的背景が異なる小集団の混合によりホモ接合体の頻度が高くなっている可能性（Wahlund effect，ワーランド効果）などが考えられるが[24]，いずれにしても正しく関連解析を行えない可能性が高い．特に解析対象の集団が複数の遺伝的背景が異なる小集団の混合により成立している場合，シンプソンのパラドックス (Simpson's paradox)

とよばれる効果が生じることにより，実際には表現型に影響しない遺伝子型について，誤って「表現型と関連がある」と判定される可能性があるため注意が必要である[18]．

表 5.1 の度数に関する統計学的検定では，遺伝子型が表現型に影響を与えているか否かを検定できるものの，具体的にどのような方向に影響を与えているかについては推定できない．そのため，3 群にグループ分けされた遺伝子型を 2 群に分類し直し，2 × 2 の分割表を作成したうえで，ある事象（特定の疾患など）の起こりやすさを 2 群間で比較して示すときの指標である**オッズ比** (odds ratio) を求めて同様の統計学的検定を行うのが一般的である．2 × 2 の分割表を作成しオッズ比を求めることで，遺伝子型が表現型に与える影響の方向性や大きさも推定することができる．ここで算出されるオッズ比は，特定の遺伝子型であるときに，その他の遺伝子型であるときと比較して疾患をどれだけ罹患しやすいかという概念である相対危険度の推定値として用いられる．

たとえば，アレルの片方 (A) を顕性アレルと仮定し，AA と Aa を同様の遺伝的背景であるとみなして度数を合計することで，**表 5.2** のような 2 × 2 の分割表を作成することができる[6]．

また，遺伝子型の度数から計算でアレル（A または a）についての度数を求めることで，2 × 2 の分割表を作成する手法もある（**表 5.3**）．アレルは遺伝子

表 5.2 顕性モデルに基づいた分割表．

表現型	遺伝子型		
	AA or Aa	aa	計
B	c + d	e	c + d + e
b	f + g	h	f + g + h
計	c + d + f + g	e + h	c + d + e + f + g + h

*オッズ比 (OR) = h(c + d)/e(f + g)

表 5.3 アレル度数に基づいた分割表．

表現型	アレル		
	A	a	計
B	2c + d	d + 2e	2c + 2d + 2e
b	2f + g	g + 2h	2f + 2g + 2h
計	2c + d + 2f + g	d + 2e + g + 2h	2c + 2d + 2e + 2f + 2g + 2h

*オッズ比 (OR) = (2c + d)(g + 2h)/(2f + g)(d + 2e)

型に比べて度数の合計が2倍になるため，検出力が高くなる．

さらに，表現型を目的変数とし，遺伝子型を説明変数とすることで，ロジスティック回帰解析などの線形モデルにより関連解析を行うこともできる．この場合，相加的な効果を仮定すると，遺伝子型はAAを2，Aaを1，aaを0として数値化することができる．この方法では，年齢や環境的要因など，解析対象とする遺伝子型以外に表現型への影響が考えられるパラメータを同時に説明変数として導入することで補正できる場合がある[25, 26]．

質的表現型の異なる2群間で関連解析を行う場合，表現型の質的な差異ができるだけ大きい2群を用いることで，より効果的な解析を実施できる場合がある．たとえば，心筋梗塞の疾患遺伝子の関連解析は，患者群と健常者群の遺伝子型分布を統計学的に比較することにより行うが，健常者でも解析時点以降に心筋梗塞を発症する可能性がある．そのため，健常者群として無病期間がより長い高齢個体のみを，患者群として発症年齢が若い個体のみをそれぞれ用いることで，患者群と健常者群の間での疾患感受性の違いがより大きくなることが期待される[3]．

(4) 量的形質と遺伝子型の関連解析

解析対象となる表現型が形態学的なサイズ，血液検査値などの連続値をとる量的形質の場合，遺伝子型ごとの平均の差があるかないかを検定することによって関連解析を行うことができる．たとえば (3) での説明と同様に，アレルの片方 (A) を顕性アレルと仮定し，AAとAaを同様とみなす場合には，2群間（AAまたはAaの遺伝子型を持つ群，およびaa群の間）で，スチューデントのt検定や，マン–ホイットニーのU検定を行う．3群間（AA群，Aa群，およびaa群の間）で統計学的な関連解析を行う場合は，線形回帰モデルや一般化線形モデルを用いる[27]．

(5) ゲノムワイド関連解析

21世紀初頭から，一度に数十万か所の遺伝子型の同定が可能なSNPチップでジェノタイピングを行い[28]，全染色体から網羅的に表現型との関連解析を行う研究手法が登場した[29, 30]．この手法は一般に，**ゲノムワイド関連解析 (GWAS)** とよばれている．また，NGSが広く用いられるようになってからは，NGSで

得られたジェノタイピングデータを用いて GWAS が行われることもある.

SNP チップは,多型性のある SNP や短いインデルが遺伝的マーカーとして,全染色体にわたりジェノタイピング可能なようにデザインされている.これらのマーカーのうちいくつかと表現型に影響する遺伝子座が強い連鎖不平衡 (Linkage Disequilibrium, LD) の関係にある場合,十分な統計的検出力があれば,関連解析において表現型と有意な関連を示唆する結果となるため,それらのマーカーの近傍に探している遺伝子座が存在することを証明できる[18, 29].

次節では,手順と原理を理解することを目標として,オンラインで公表されているヒトゲノムのサンプルデータを用いて GWAS を模した実習を行う.

5.2　ヒトの表現型の GWAS

本節では,PLINK 1.90beta というソフトウェアを用いて,実際に GWAS を行う (図 5.2)[30].本来は,次世代シークエンシングや SNP チップなどの手法を使い,ヒトゲノム DNA からゲノムデータを取得した後に GWAS を行うが,ここでは得られたゲノムデータから作成された ped および map ファイルから,SNP ごとの統計学的な有意性を可視化し評価するための手段であるマンハッタンプロット (Manhattan plot) と Q-Q プロット (Q-Q plot) を作図するまでの工程 (図 5.4 の黒矢印部分) について実習する.デモのサンプルデータを用いた練習であるため実際の GWAS と異なる点もあるが,都度補足の説明を行っていく.また,SNP チップで得られたゲノムデータを用いた GWAS では,インピュテーション (4.2.1 項参照) によりチップ上に搭載されていない SNP についてもリファレンスとする人類集団の高密度ジェノタイピングデータから推定して関連解析を行うことが可能であるが,本節では取り扱わない.

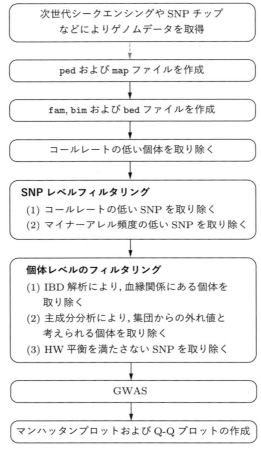

図 5.4 GWAS のワークフロー[30].

5.2.1 PLINK の使用方法

　PLINK 1.90beta のインストールは Conda を用いて行うことができる（付録 B 参照）．PLINK を用いるとき，以下の例のように plink から引き続くようにコマンドの構文を入力する．ここでは，toy という名前のファイルを --file により読み込み，--freq によりアレル頻度を計算し，--out により toy_analysis という名前のファイルとして出力する．このように PLINK では，それぞれの

オプションの前にハイフンを2つ続けて入力する．

```
%plink --file toy --freq --out toy_analysis
```

PLINKにどのようなコマンドがあるのかについては，https://www.cog-genomics.org/plink/1.9/index に一覧が掲載されているので参照されたい．

5.2.2 サンプルデータの取得

本節の冒頭で述べたように，通常はNGSやSNPチップなどを用いたジェノタイピングでヒトゲノムDNAからゲノムデータを取得し，pedおよびmapファイルを作成する．本章で説明するステップはこれらの工程が終了していることを前提としているため，PLINKのサイト[31]からサンプルデータをダウンロードし，ジェノタイピングの工程を省略する．vcfファイルからPLINKファイルへの変換については第7章で触れる．下記の画面（図5.5）の「example data」をクリックしてサンプルデータhapmap1.zipをダウンロードする．

図5.5 サンプルデータダウンロードのための画面．

国際HapMapプロジェクト[32]のゲノムデータより作成されたこのサンプルデータは，中国人と日本人計89人について，約80,000箇所のSNPのジェノタイピングデータから構成されている．また，架空の疾患に関して，表5.4に示すような内訳で対照群と症例群のサンプルが含まれている．以降の項では，このデータを用いたGWASにより，日本人集団におけるこの架空の疾患の疾患感受性遺伝子座を探索することを目的として実習を行う．

64 | 5 表現型の解析

表 5.4 ダウンロードしたサンプルデータの内訳

	漢民族中国人 (HCB)	日本人 (JPT)
対照群	34 人	11 人
症例群	11 人	33 人

5.2.3 fam, bim および bed ファイルの作成

5.2.2 項でダウンロードしたデータ hapmap1.zip を展開すると，hapmap1.map, hapmap1.ped, pop.phe, qt.phe の 4 つのファイルが入っている．このうち hapmap1.map と hapmap1.ped の 2 ファイルから，PLINK により mydata.fam, mydata.bim, mydata.bed の 3 つのファイル（バイナリーファイル）を作成する．まず，ダウンロードしたデータのあるディレクトリ (/data/5/) に移動し，次のコマンドを打ち込むことで実行ファイルを作成する．

```
%plink --file hapmap1 --make-bed -out mydata
```

コマンドを打ち込むと以下のような説明文が出現し，コマンドが正常に機能していることがわかる．説明文の内容から 83,534 バリアントおよび 89 人からなるデータセットが読み込まれ，ここではまだフィルターを設定していないため，すべてのバリアントおよび個体がフィルターをパスしたこと，またそのうち 44 人が症例群 (cases) で 45 人が対照群 (controls) であることがわかる．

```
PLINK v1.90bX.XX XX-bit (XX XXX 20XX)        www.cog-genomics.org/plink/
1.9/
(C) 20XX-20XX Shaun Purcell, Christopher   GNU General Public License
vX
Logging to mydata.log.
Options in effect:
  --file hapmap1
  --make-bed
  --out mydata

XXXX MB RAM detected: reserving XXXX MB for main workspace.
.ped scan complete (for binary autoconversion).
Performing single-pass .ped write (83534 variants, 89 people).
--file: mydata-temporary.bed + mydata-temporary.bim + mydata-
temporary.fam
```

```
written.
83534 variants loaded from .bim file.
89 people (89 males, 0 females) loaded from .fam.
89 phenotype values loaded from .fam.
Using 1 thread (no multithreaded calculations invoked).
Before main variant filters, 89 founders and 0 nonfounders present.
Calculating allele frequencies... done.
Total genotyping rate is 0.99441.
83534 variants and 89 people pass filters and QC.
Among remaining phenotypes, 44 are cases and 45 are controls.
--make-bed to mydata.bed + mydata.bim + mydata.fam ... done.
```

ディレクトリの中に，`mydata.fam`，`mydata.bim`，`mydata.bed` の 3 つのファイルと，ログファイル `mydata`（テキストドキュメント）が作成されたことを確認しておく．`ped` および `map` ファイルの形式や，どのような変換が行われバイナリファイル（`fam`, `bed`, `bim` ファイル）が作成されるのかについては，参考文献 [30] に詳しい対応表が記載されているので参照されたい．

5.2.4 コールレートが低い個体の除外

DNA マイクロアレイにより得られた遺伝子型のデータでは，個体ごとのコールレート（ジェノタイピングを試みた SNP 数のうち，実際に遺伝子型を判定できたものの割合）の低い個体については，得られた遺伝子型についてもジェノタイピングの正確度が低い可能性があるため，除外する必要がある．ここでは例として，コールレートが 97% 未満の個体を除外する．`--mind` というオプションに続いて 0.03 と入力することにより，3% 以上の遺伝子型が不明の個体，すなわちコールレートが 97% 未満の個体を除外することができる．`--mind` に続く数値（0 から 1 の間）を変更することで，除外する基準を調整する．なお，`--bfile` および `--make-bed` は，それぞれ「バイナリファイルを読み込む」「結果をバイナリファイルで出力する」という内容のオプションである．

```
%plink --bfile mydata --mind 0.03 --make-bed --out mydataQC1
```

コマンドを打ち込むと，5.2.3 項で示したものと類似の説明文が表示される．

66 | 5 表現型の解析

後半部分に以下のような記載があり，除外された個体がなかったことがわかる．

```
0 people removed due to missing genotype data (--mind).
Using 1 thread (no multithreaded calculations invoked).
Before main variant filters, 89 founders and 0 nonfounders present.
Calculating allele frequencies... done.
Total genotyping rate is 0.99441.
83534 variants and 89 people pass filters and QC.
Among remaining phenotypes, 44 are cases and 45 are controls.
--make-bed to mydata.bed + mydata.bim + mydata.fam ... done.
```

5.2.5 SNP レベルフィルタリング

　ここでは，関連解析に適さない SNP を除外する作業（SNP レベルフィルタリング）を行う．まず，SNP ごとのコールレートが低い SNP に関しては，NGS やマイクロアレイによるジェノタイピング過程において，特定の遺伝子型でのみ高い確率で失敗している可能性がある．そのため，遺伝子型の得られた個体の情報のみでは正しく関連解析を行えない可能性があり，解析対象から除外する．次に，集団内におけるマイナーアレル頻度（6.1.4 項参照）が低い SNP は，検出力が得られにくいことと，ジェノタイピングエラーが関連解析の結果に与える影響が大きくなりやすいことを考慮し，解析対象から除外する．最後に，前節で説明したように HW 平衡を外れている SNP に関しても，ジェノタイピングエラーである可能性を考慮し解析対象から除外する．なお，ここでは日本人集団における GWAS を行うため，本来は日本人個体 (JPT) のデータのみを抽出した後に SNP レベルフィルタリングを行うべきであるが，本項における計算対象となるサンプルサイズが極端に小さくなってしまうため，便宜上，中国人サンプル（HCB，北京漢民族）も含めて計算を行っていく．

　まずは SNP ごとのコールレートが 95％未満の SNP について，以下のように--geno 0.05 というオプションを用いて除外する．--geno も，-mind と同様に，それに続く数値（0 から 1 の間）を変更することで，除外する基準を調整できる．

5.2 ヒトの表現型の GWAS 67

```
plink --bfile mydataQC1 --geno 0.05 --make-bed --out mydataQC2
```

上のコマンドを打ち込んだときの出力の後半部分に以下のような記載がある．この記載から，2,134 箇所の SNP がコールレートが 95%未満のために除外され，89 人分で 81,400 箇所の SNP データが新たに出力されたことがわかる．

```
Using 1 thread (no multithreaded calculations invoked).
Before main variant filters, 89 founders and 0 nonfounders present.
Calculating allele frequencies... done.
Total genotyping rate is 0.99441.
2134 variants removed due to missing genotype data (--geno).
81400 variants and 89 people pass filters and QC.
Among remaining phenotypes, 44 are cases and 45 are controls.
--make-bed to mydataQC2.bed + mydataQC2.bim + mydataQC2.fam ... done.
```

次に，マイナーアレル頻度が 5%以下の SNP について，以下のように "--maf 0.05" というコマンドを用いて除外する．--maf も，--mind や--geno と同様の構文で入力することで使用できる．

```
%plink --bfile mydataQC2 --maf 0.05 --make-bed --out mydataQC3
```

コマンド入力後の説明文の後半は以下のようになっており，23,711 個の SNP が除外されたことがわかる．

```
Using 1 thread (no multithreaded calculations invoked).
Before main variant filters, 89 founders and 0 nonfounders present.
Calculating allele frequencies... done.
Total genotyping rate is 0.996702.
23711 variants removed due to minor allele threshold(s)
(--maf/--max-maf/--mac/--max-mac).
57689 variants and 89 people pass filters and QC.
Among remaining phenotypes, 44 are cases and 45 are controls.
--make-bed to mydataQC3.bed + mydataQC3.bim + mydataQC3.fam ... done.
```

最後に，"--hwe 0.000001" というオプションを用いて，HW 平衡について

のカイ二乗検定の p 値が 1.0×10^{-6} より小さい SNP を除外する. --hwe の後に続く数字は，カイ二乗検定の p 値がその値以下になるものを除外するパラメータである.

```
%plink --bfile mydataQC3 --hwe 0.000001 --make-bed --out mydataQC4
```

コマンド入力後の出力の後半は以下のようになっており，除外された SNP は存在しないことがわかる.

```
Using 1 thread (no multithreaded calculations invoked).
Before main variant filters, 89 founders and 0 nonfounders present.
Calculating allele frequencies... done.
Total genotyping rate is 0.99649.
--hwe: 0 variants removed due to Hardy-Weinberg exact test.
57689 variants and 89 people pass filters and QC.
Among remaining phenotypes, 44 are cases and 45 are controls.
--make-bed to mydataQC4.bed + mydataQC4.bim + mydataQC4.fam ... done.
```

この項において説明した，SNP レベルフィルタリングに用いる 3 つのオプションと，前項で説明した --mind は，以下のように 1 つの構文として連続して入力することで，同時に計算することができる．それぞれのフィルタリングに用いる数値を変えた場合に，出力内容がどのように変わるか色々と試してみよう.

```
%plink --bfile mydata --mind 0.03 --geno 0.05 --maf 0.05 -- hwe 0.000001
-make-bed --out  mydataQC4
```

5.2.6 個体レベルのフィルタリング

SNP レベルフィルタリングの後，遺伝的背景から GWAS の解析対象として含めることが適当でないと判断できる個体を除外する．これを個体レベルのフィルタリングとよぶ．ここでは，互いに近い血縁関係にある個体，および遺伝的に同一集団とはいえない個体が対象になる．血縁関係の推定については，IBD

を用いる．IBDに関しては第8章に詳細な説明があるため，ここでは概念的な説明のみに留めるが，両親のうちいずれかに由来するアレルの並び（ハプロタイプ）から推測できる，共通祖先に由来し個体間で共有するゲノム領域のことである．

まず，次の --genome コマンドを打ち込み，IBDの推定を行う．

```
%plink --bfile mydataQC4 --genome --out mydataQC4_IBD
```

コマンドを実行したディレクトリに mydataQC4_IBD.genome という名前のファイルが作成されていることを確認する．このファイルを開くと，以下のような内容になっている（1, 3, 5, 6, 7列目と12列目以降は省略している）．

```
FID1      FID2      Z0        Z1        Z2        PI_HAT
HCB181    HCB182    1.0000    0.0000    0.0000    0.0000
HCB181    HCB183    1.0000    0.0000    0.0000    0.0000
HCB181    HCB184    1.0000    0.0000    0.0000    0.0000
```

ここで，FID1 および FID2 列は各個体のID を示している．また，2本の染色体について，Z0 はいずれもが同祖ではない領域，Z1 は片方が同祖である領域，Z2 は両方が同祖である領域の割合をそれぞれ示している．2つの個体間 (FID1, FID2) の PI_HAT ($\hat{\pi}$) は全ゲノム中における IBD の割合の推定値であり，次の計算式で算出される．

$$PI\_HAT = Z2 + 0.5 \times Z1 \tag{5.1}$$

今回の解析では，$\hat{\pi}$ が 0.1 以上の場合に近い血縁関係にあると判断し，片方の個体を除外することとする．IBD解析は2個体間で行われるが，解析対象としたデータセットのサンプルサイズは 89 であるため，$89 \times 88 \div 2 = 3916$ 通りの計算が行われる．そのため，mydataQC4_IBD.genome ファイルの行数はインデックスを含めて 3,917 行になっている．

血縁関係にある個体を除外する場合，よりクオリティの高いジェノタイピングデータをもつ個体を残す目的で，通常はコールレートがより低いほうの個体

70 5 表現型の解析

を除外する．今回のデータでは，$\hat{\pi}$ が一番大きい値は 0.0501（HCB183 および HCB209 間）であるので，互いに結縁関係にある個体はなく，除外対象となる個体はいない．

次に，以下の --pca コマンドを打ち込み，主成分分析を行う．

```
%plink --bfile mydataQC4 --pca --out mydataQC4_pca
```

コマンド入力後の出力の後半は以下のようになる．

```
Using up to 8 threads (change this with --threads).
Before main variant filters, 89 founders and 0 nonfounders present.
Calculating allele frequencies... done.
Total genotyping rate is 0.99649.
57689 variants and 89 people pass filters and QC.
Among remaining phenotypes, 44 are cases and 45 are controls.
Relationship matrix calculation complete.
--pca: Results saved to mydataQC4_pca.eigenval and
mydataQC4_pca.eigenvec
```

ディレクトリに mydataQC4_pca.eigenval, mydataQC4_pca.eigenvec の 2 つのファイルが作成されている．このうち，mydataQC4_pca.eigenval を開くと数値が 20 行分並んでおり，上から順にそれぞれ，第 1 主成分から第 20 主成分の寄与率を示している．一方，mydataQC4_pca.eigenvec の内容は以下のようになっている．

```
HCB181    1    0.108561    0.0260607    -0.0924137  ...
HCB182    1    0.11827     -0.0501544   -0.0611786  ...
HCB183    1    0.107018    0.106317     -0.0393811  ...
```

1 列目に各個体の ID，3 列目から 22 列目までにそれぞれ，第 1 から第 20 主成分得点が表示されている．このうち，第 1 主成分と第 2 主成分を用いて 2 次元の散布図を作成するか，第 1 主成分から第 3 主成分までを用いて 3 次元の散布図を作成することで，各個体の遺伝的な位置関係を可視化することができる．ここでは，R を用いた 2 次元散布図の作図方法について，一例を紹介する．

まず，`mydataQC4_pca.eigenvec` ファイルの 4 列目までのデータをもとに，テキストエディタや表計算ソフトを用いて，以下のような内容のタブ区切りテキストファイル (`mydataQC4_pca.txt`) を作成する．ここで，図中で色分けするために，日本人個体（JPT から始まる）を JPT，中国人（HCB から始まる）を HCB として，5 列目にグループ情報を追加しておく．

```
Column1      Column2      Column3      Column4       Column5
HCB181       1            0.108561     0.0260607     HCB
HCB182       1            0.11827      -0.0501544    HCB
```

次に，テキストをもとにした散布図作成用の，以下の R スクリプト (`plotPCA_GWAS.R`) を作成する．R を起動し，このスクリプトを読み込むことで作図する．

```
data <-read.table("mydataQC4_pca.txt", header=T)
par(mar=c(4.5,4.5,3,5.5))
png("plotPCA_GWAS.png", width = 400, height = 400)
plot(data$Column3, data$Column4, pch=NA, main="Result of PCA
analysis", xlab="PC1", ylab="PC2")
points(data$Column3[data$Column5=="HCB"],
data$Column4[data$Column5=="HCB"], col="red", pch=4)
points(data$Column3[data$Column5=="JPT"],
data$Column4[data$Column5=="JPT"], col="blue", pch=20)
legend(x=par()$usr[2]+0.005, y=par()$usr[4]-0.25,
legend=c("HCB","JPT"), col=c("red","blue"), pch=c(4,20))
dev.off()
```

R スクリプトを実行するには，R を立ち上げて `source("hoge.R")` とタイプして実行する方法と，コンソール上から `Rscript hoge.R` とタイプして実行する方法とがある．Linux 側からではなく，Windows や macOS 版の R を使ってもよい．`plotPCA_GWAS.R` は/data/5/にある．Conda 環境における R のインストールについては，付録 B を参照されたい．

スクリプトを実行すると，png フォーマットの図 `plotPCA_GWAS.png`（図 5.6）が出力される．HCB 個体が赤い×印，JPT 個体が青い●印でそれぞれプロットされている．HCB と JPT はそれぞれまとまった集団としてプロットされ

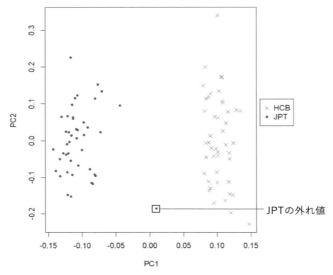

図 5.6 主成分分析結果のプロット．

ているが，JPT のうち 1 個体のみ HCB グループ寄りにプロットされており，外れ値であることがわかる．このため，日本人における GWAS を行うことを目的に遺伝的に均質な集団を抽出するためには，JPT の 44 個体のうち，この 1 個体を除く必要がある．JPT の外れ値である個体は，他の JPT 個体と異なり第 1 主成分得点 (PC1) が 0 を超えていることから，`mydataQC4_pca.eigenvec` ファイルを参照すると，JPT253 であることがわかる．

IBD 解析の結果と PCA の結果を踏まえ，除外する個体を決定する．ここでは HCB の 45 個体と JPT253 の計 46 個体を除外する．除外する個体リストファイルを `mydataQC4_pca.eigenvec` ファイルの Column1 および Column2 のデータから以下に示した 3 行と同じ要領で 46 行 × 2 列 の表を作成し，`pca_remove_sample.txt` という名前で txt ファイルとして保存する．

```
JPT253      1
HCB181      1
HCB182      1
```

以下の --remove コマンドと，その引数として除外する個体のリストファイルを入力することで，これらのサンプルデータを除外する．また，逆に残したい個体のリストを作成し，--keep オプションでそれらの個体のみ残すこともできる．

```
%plink --bfile mydataQC4 --remove pca_remove_sample.txt --make-bed --out
mydataQC4_JPT
```

コマンド入力後，以下のような出力が得られ，GWAS 用の日本人 43 人分のデータファイルが完成したことがわかる．

```
--remove: 43 people remaining
Using up to 1 thread (no multithreaded calculations invoked).
Before main variant filters, 43 founders and 0 nonfounders present.
```

実際の GWAS における PCA は，解析対象のサンプルデータの他，国際 1000人ゲノム計画などでゲノム情報が公開されているデータを，各人類集団の基準として適宜追加した後に実施する．また，外れ値を除外した後に再度 PCA を行うことで，本当に均質性のある集団のみが残っているかどうかを再度確認できる．

5.2.7 ゲノムワイド関連解析 (GWAS)

以上でフィルタリングまでの行程が完了したため，PLINK を用いて GWASを行う．ここでは最も簡便な方法として，アレル度数に関するカイ二乗検定について説明する．まず，--assoc オプションを使って統計検定を行う．

```
%plink --bfile mydataQC4_JPT --assoc --out mydataQC4_JPT
```

実行後に mydataQC4_JPT.assoc というファイルが作成されていることを確認する．このうち，mydataQC4_remove_sample.assoc を開いて確認すると，以下のようになっている．

```
CHR  SNP         BP  A1  F_A      F_U      A2  CHISQ  P        OR
1    rs6681049   1   1   0.1591   0.2727   2   3.359  0.06955  0.5045
1    rs4074137   2   1   0.07955  0.07955  2   0      1        1
```

なお，各列のインデックスは，それぞれ以下を表す．

- ● CHR：染色体番号
- ● SNP：SNP の ID
- ● BP：SNP の物理的座標（塩基対，bp）
- ● A1：全サンプルに基づいたマイナーアレル
- ● F_A：症例群での A1 アレル頻度
- ● F_U：対照群での A1 アレル頻度
- ● A2：メジャーアレル
- ● CHISQ：カイ二乗値
- ● P：（漸近的な）検定の p 値
- ● OR：オッズ比（A2 がリファレンス）

ファイル中の p 値から，統計学的に有意なものを確認することができる．症例，対象のいずれかの群で片方のアレルしか存在しない場合などには，カイ二乗値や p 値が空欄となり，オッズ比が NA と表示されるが，このようなデータは次項での作図の際のエラー原因になる．

-assoc オプションに引き続き，"--ci 0.95" オプションを追加することで，オッズ比の 95％信頼区間も追加して計算することができる．

また，-assoc オプションに替えて --logistic オプションを使用することにより，ロジスティック回帰解析を行うことができる．以下のように --logistic オプションに引き続き --covar オプションを用いることで，性別も説明変数に追加できる．他にも，--covar オプションでは，環境的要因など複数の説明変数を含めることもできる．

```
%plink --bfile mydataQC4_JPT --logistic --covar sex --out mydataQC4_JPT
```

5.2.8　マンハッタンプロットおよび Q-Q プロットの作成

　最期に，qqman という R のパッケージを使って，マンハッタンプロットおよび Q-Q プロットを作成する．まず R を起動し，qqman を次のコマンドでインストールする．

```
%install.packages("qqman")
```

　次に，以下の R スクリプト (manhattanQQ.R) を作成し，実行する．このスクリプトでは，作図の際に問題になるオッズ比 (OR) が NA となる行を削除してから描画を実行している．

```
library(qqman)
data_m<-read.table("mydataQC4_JPT.assoc", header=T)
### OR 列に NA がある行を削除
data_clean <- subset(data_m, !(is.na(data_m$OR)))
### Manhattan plot
png("Manhattan_GWAS.png")
manhattan(data_clean)
dev.off()
### QQ plot
png("QQ_GWAS.png")
qq(data_clean$P)
dev.off()
```

　スクリプトを実行すると，図 5.7 のようなマンハッタンプロット (Manhattan_GWAS.png) が出力される．この図では，p 値が小さい SNP ほど上部にプロットされる．DNA マイクロアレイを用いた一般的な GWAS では，数十万箇所の SNP について同時に関連解析を行うため，独立した 100 万箇所を同時に検定すると仮定し，ボンフェローニの方法を用いて，$p < 5 \times 10^{-8}$ を統計学的有意とみなすことが多い[25]．今回の解析に使用した SNP 数はその 10 分の 1 程度であるが，$p < 5 \times 10^{-7}$ を統計学的有意とみなした場合に，その基準を満たす SNP がないことがわかる．疾患感受性に関連する遺伝子座が存在する場合，その遺伝子座と連鎖不平衡にある SNP はすべて p 値が小さくなるため，遺伝的距離の近い（染色体上の物理的距離の近い）SNP はすべてマンハッタンプロッ

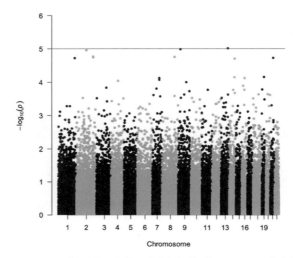

図 5.7 マンハッタンプロット．実習で計算した数万個の SNP が各染色体番号順に，染色体上の位置順に無数の点としてプロットされている[26]．図の縦軸は p 値の常用対数の負値を示し，p 値が小さい SNP ほど上方にプロットされる．

トの上方にプロットされ，直線状に連なって見えることが多い[26]．今回作成した図では，こういった所見がないため，疾患感受性と関連する SNP がなさそうだと視覚的にも判断できる．

ManhattanQQ.R を実行すると，図 5.8 (qq_gwas.png) のような Q-Q プロットも出力される．Q-Q プロットは横軸に一様分布の確率点，縦軸に実際に算出した p 値の確率点をとり，プロットしたものである．そのため理論上，すべての SNP が疾患感受性と関連のない場合には，この図の右上から左下にかけての対角線上にすべてプロットされる[18,26]．この図の右上頂点近くである p 値が小さい領域において，対角線よりも大きく上方にプロットされている SNP は認められず，疾患感受性に関連がありそうな SNP は存在しないことがわかる．

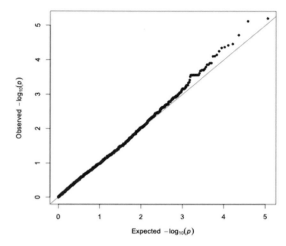

図 5.8 Q-Q プロットの横軸，縦軸はそれぞれ一様分布の確率点，観測 p 値の確率点に常用対数の負値をとった数値を示しており[26]，実習で計算し，図 5.7 で示したものと同一の数万個の SNP がプロットされている．Q-Q プロットでは，「SNP と表現型に関連がない」という帰無仮説に従う場合，対角線上にプロットされる．一方，ある遺伝子座が表現型と統計学的有意な関連を示す場合には，その遺伝子座と遺伝的距離の近い SNP が p 値が小さい右上の領域において対角線よりも上方に逸脱してプロットされる．

参考文献

[1] Manolio, T. A., et al., *Finding the missing heritability of complex diseases.* Nature, 2009. **461**(7265): pp. 747–753.

[2] Cruchaga, C., et al., *Rare coding variants in the phospholipase D3 gene confer risk for Alzheimer's disease.* Nature, 2014. **505**(7484): pp. 550–554.

[3] Do, R., et al., *Exome sequencing identifies rare LDLR and APOA5 alleles conferring risk for myocardial infarction.* Nature, 2015. **518**(7537): pp. 102–106.

[4] Schork, N. J., et al., *Common vs. rare allele hypotheses for complex diseases.* Current Opinion in Genetics & Development, 2009. **19**(3): pp. 212–219.

[5] Reich, D. E., and E. S. Lander, *On the allelic spectrum of human disease.* Trends in Genetics, 2001. **17**(9): pp. 502–510.

[6] Ozaki, K., et al., *Functional SNPs in the lymphotoxin-alpha gene that are associated with susceptibility to myocardial infarction.* Nature Genetics, 2002. **32**(4): pp. 650–654.

[7] Dib, C., et al., *A comprehensive genetic map of the human genome based on 5,264 microsatellites.* Nature, 1996. **380**(6570): pp. 152–154.

[8] Botstein, D., R. L. et al., *Construction of a genetic linkage map in man using restriction fragment length polymorphisms.* American Journal of Human Genetics,

1980. **32**(3): pp. 314–331.

[9] Bird, T. D., *Are linkage studies boring?* Nature Genetics, 1993. **4**(3): pp. 213–214.

[10] Morton, N. E., *Sequential tests for the detection of linkage.* American Journal of Human Genetics, 1955. **7**(3): pp. 277–318.

[11] Pulst, S. M., *Genetic linkage analysis.* Archives of Neurology, 1999. **56**(6): pp. 667–672.

[12] Choi, M., et al., *Genetic diagnosis by whole exome capture and massively parallel DNA sequencing.* Proceedings of the National Academy of Sciences of the United States of America, 2009. **106**(45): pp. 19096–19101.

[13] Wang, K., M. Li, and H. Hakonarson, *ANNOVAR: functional annotation of genetic variants from high-throughput sequencing data.* Nucleic Acids Research, 2010. **38**(16): p. e164.

[14] The 1000 Genomes Project Consortium, *A global reference for human genetic variation.* Nature, 2015. **526**(7571): pp. 68–74.

[15] Landrum, M. J., et al., *ClinVar: improving access to variant interpretations and supporting evidence.* Nucleic Acids Research, 2018. **46**(D1): pp. D1062–D1067.

[16] Ng, P. C., and S. Henikoff, *Predicting deleterious amino acid substitutions.* Genome Research, 2001. **11**(5): pp. 863–874.

[17] Adzhubei, I., D. M. Jordan, and S. R. Sunyaev, *Predicting functional effect of human missense mutations using PolyPhen-2.* Current Protocol in Human Genetics, 2013. Chapter 7: Unit7.20.

[18] Balding, D. J., *A tutorial on statistical methods for population association studies.* Nature Reviews Genetics, 2006. **7**(10): pp. 781–791.

[19] Yamaguchi-Kabata, Y., et al., *Japanese population structure, based on SNP genotypes from 7003 individuals compared to other ethnic groups: Effects on population-based association studies.* American Journal of Human Genetics, 2008. **83**(4): pp. 445–456.

[20] Takeuchi, F., et al., *The fine-scale genetic structure and evolution of the Japanese population.* PLoS ONE, 2017. **12**(11): p. e0185487.

[21] Price, A. L., et al., *Principal components analysis corrects for stratification in genome-wide association studies.* Nature Genetics, 2006. **38**(8): pp. 904–909.

[22] Manichaikul, A., et al., *Robust relationship inference in genome-wide association studies.* Bioinformatics, 2010. **26**(22): pp. 2867–2873.

[23] Hardy, G. H., *Mendelian proportions in a mixed population.* Science, 1908. **28**(706): pp. 49–50.

[24] 長田直樹. 進化で読み解く バイオインフォマティクス入門. 2019：森北出版.

[25] Kamatani, Y., et al., *Genome-wide association study of hematological and biochemical traits in a Japanese population.* Nature Genetics, 2010. **42**(3): pp. 210–215.

[26] 梁祐誠, 上辻茂男, ゲノムワイド関連研究に学ぶ遺伝統計学. 計算機統計学, 2012. **25**(1): pp. 17–39.

[27] Higashino, T., et al., *Dysfunctional missense variant of OAT10/SLC22A13 decreases gout risk and serum uric acid levels.* Annals of the Rheumatic Diseases, 2020. **79**(1): pp. 164–166.

[28] Wang, D. G., et al., *Large-scale identification, mapping, and genotyping of single-*

nucleotide polymorphisms in the human genome. Science, 1998. **280**(5366): pp. 1077–1082.

[29] Kruglyak, L., *The road to genome-wide association studies.* Nature Reviews Genetics, 2008. **9**(4): pp. 314–318.

[30] Reed, E., et al., *A guide to genome-wide association analysis and post-analytic interrogation.* Statisics in Medicine, 2015. **34**(28): pp. 3769–3792.

[31] Purcell, S., et al., *PLINK: A tool set for whole-genome association and population-based linkage analyses.* American Journal of Human Genetics, 2007. **81**(3): pp. 559–575.

[32] International HapMap, C., *The International HapMap Project.* Nature, 2003. **426**(6968): pp. 789–796.

Chapter

6

集団の多様性解析

6.1 多様性を記述する

本章では，集団 (population) の遺伝的多様性を評価するために，遺伝的多様性をどのように記述するのかを解説する．遺伝的多様性の量は，たとえば保全においては重要な指標となる．遺伝的多様性を失った集団は，遺伝的に近縁な個体どうしの交配が多くなってしまい，近交弱勢が生じてしまう．近交弱勢により，適応度が下がった個体が多くなってしまうと，その集団が絶滅するリスクが高まる[1]．また，中立を仮定したときに期待される遺伝的多様性の量と，実際に観察された遺伝的多様性の量との乖離を見ることで，過去における集団サイズの変化（第 8 章参照）や，遺伝子座に自然選択が関わったどうかの検定（第 10 章参照）も行うことができる．

要約統計量 (summary statistics) は，集団がもつ遺伝的多様性の特性を示すのによく使われる指標である．集団から得られた個体の DNA 塩基配列からは，下に示すようなアラインメントが得られる．あるいは，多型データは vcf ファイルや ped ファイル等のフォーマットのファイルに記述されている．このような多型データを一目見ただけで，その集団がどのような遺伝的多様性をもつのかを把握するのは難しいだろう．集団における個体間の遺伝的差異が大きければ，その集団は大きな遺伝的多様性をもっているといえるし，一見大きな遺伝的多様性をもつ集団でも，実は複数の分集団からなる集団構造をもっている集団である可能性もある．また，ある集団と別の集団を比較して，どちらの集団のほうの遺伝的多様性が大きいか，といった比較をする場面もあるだろう．要

約統計量を使えば，集団がもつ遺伝的多様性の大小を数字で表現することができ，集団どうしの比較の結果や集団のもつ遺伝的多様性の特性を定量的に理解できるようになる．また，要約統計量を利用した中立性の検定法も開発されている（図6.1）．

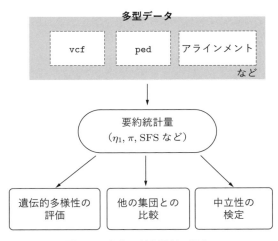

図 6.1　本章で行う解析の概念．

以下には，10本のDNA塩基配列が示されている．ハプロイドゲノムを扱っている場合，サンプルサイズは10である．また，配列決定を行ったサンプルが二倍体生物でありフェージングが行われた場合も，同様のアラインメントを得ることができる．この場合，個体としてのサンプルサイズは5であるが，ハプロイドゲノム（または染色体）としてのサンプルサイズは10である．本章では，サンプルサイズという言葉はハプロイドゲノムまたは染色体の本数を指しているので注意しよう．

```
>1   ATTGCGTCTAGAGATAGTCATAGACAGATAAACCGTGACCGTA
>2   ATTGCCTCTAGAGATAGACATAGGCAGATAAATCGTGACCGTA
>3   ATTGCGTCTAGAGATAGACATAGACAGATAAACCGTGACGGTA
>4   ATTGCCTCTAGAGATAGACATAGACAGATAAATCGTGACCGAA
>5   ACTGCCTCTAAAGATAGACATAGACAGATAATCCGAGACCGTA
>6   ATTGCCTCTAGAGAAAGACATAGACAGATAAACCGTGACGGTA
>7   ATTGCCTCTAGAGATAGACATAGAGAGATAAACCGTGACCGTA
>8   ATTGGGTCTAGAGATAGACATAGAGAGATAAATCGTGACCGAA
```

```
>9  ATTGCCTCTAGAGATAGACATAGAGAGATAAACCGTGACCGTA
>10 ATTGCGTCTAGAGAAAGACATAGACAGATAAATCGTGACCGAA
```

　このアラインメントでは領域中に起こるインデルは無視されている．ハプロイド配列を比べてみると，いくつかの異なった箇所（塩基サイト，または単にサイト）があることがわかるだろう．以下，いくつかの代表的な要約統計量を紹介しつつ，それが意味するところを解説する．

6.1.1　分離サイト数

　調べた遺伝子領域やゲノム領域のうち，SNP が見られたサイトのことを**分離サイト** (segregating sites) とよぶ．このようなサイトがアラインメント中に何箇所あるかという量が**分離サイト数** (the number of segregating sites, S) である．S はこれまでに何回の突然変異がサンプル中に起こったかの回数に相当する．調べた領域が長ければ長いほど，サンプルサイズが大きければ大きいほど，S も大きくなる．S を調べた領域の長さで割れば，おおよそ何塩基対ごとに SNP が現れるかという目安になる．

6.1.2　シングルトン数

　それぞれの分離サイトにおいて，何本の染色体が**参照型** (reference) のアレルをもっていて，何本の染色体が**変異型**（mutant または alternative）のアレルをもっているかはサイトごとに異なっている．参照ゲノムと比較して，参照ゲノムの塩基と同じ塩基をもつアレルを参照型アレル，それと異なる塩基を変異型アレルとする．1 本の染色体のみで変異型アレルまたは参照型アレルが見られるサイトは**シングルトンサイト** (singleton site) とよばれる（このアレルの頻度は，サンプルサイズを n とすると $1/n$ となる）．調べた遺伝子領域やゲノム領域のうち，シングルトンサイトの数が**シングルトン数** (the number of singletons) η_1 である．一般に，サンプルサイズが大きければ大きいほど η_1 は大きくなる．参照型と変異型の区別の他に，進化の方向性を考えた祖先型 (ancestral) と派生型 (derived) の区別がある．祖先型とは祖先の状態でのアレルであり，突然変異が起こることで祖先型とは異なるアレルになったものが派生型である．近縁

の別種を外群 (outgroup) として塩基を比較し，祖先型を推定することがある．参照型のアレルが祖先型であるとは限らないことに注意が必要である[†]．祖先型を使用する場合，シングルトン数は ξ_1 で示される．

6.1.3 塩基多様度

2つの染色体間で異なっている塩基の割合を，すべての染色体について求めて総和をとり，その総和を組み合わせの総数で割ったものが**塩基多様度** (nucleotide diversity) π となる．x_i, x_j を集団内のハプロタイプ i, j の頻度，π_{ij} をハプロタイプ i と j の間の塩基の違いの割合とすると，π は次式で与えられる[2]．

$$\pi = \sum\nolimits_{ij} x_i x_j \pi_{ij} \tag{6.1}$$

π は通常，サイトあたりの数字が計算されるため，調べた遺伝子領域やゲノム領域の長さは基準化された値となる．π の値は，集団中からランダムに2つの配列を抽出したときに期待される配列間の塩基の違いの割合を表しているともいえる．π は集団がもつ遺伝的多様性を測る指標として最もよく使われているものの1つである．

6.1.4 サイト頻度スペクトラム

η_1 または ξ_1 はシングルトンをもつサイトの数であるが，η_2 または ξ_2 はダブルトンをもつサイトの数，すなわち集団の中で2本の染色体のみで変異型または参照型，派生型のアレルが見られるサイトの数である．同様に，η_i または ξ_i は，集団の中で変異型または参照型，派生型のアレルが i 本の染色体で見られるサイトの数である．アレルについてその祖先型が推定でき，どちらのアレルが祖先型でどちらのアレルが派生型であることがわかっている場合は，i は1から $n-1$ の範囲をとり，**折りたたみなし SFS** (unfolded SFS) とよばれ，ξ_i 表記を使う（SFS はサイト頻度スペクトラム (Site Frequency Spectrum) の略）．SFS は多くの場合，頻度（割合）ではなく観察数（度数）で表される．祖先型が

[†] 参照型アレル，変異型アレル，マイナーアレル，メジャーアレル，祖先型アレル，派生型アレルはすべて定義が異なっていることに注意．

不明な場合は，サンプル中で数が多いほうのアレルをメジャーアレル，少ないほうをマイナーアレルとする．このときはマイナーアレルの数を数えることとし，i は 1 から $(n-1)/2$（n が奇数）または $n/2$（n が偶数）の範囲の値をとり，得られる頻度分布は**折りたたみ SFS** (folded SFS) とよばれる．折りたたみ SFS では η_i 表記を使う．参照型アレルと変異型アレルのどちらがマイナーアレルになるかは，アレル頻度による[3]．折りたたみなし SFS のことを派生型アレル SFS (derived-allele SFS)，折りたたみ SFS のことをマイナーアレル SFS (minor-allele SFS) ともよぶ．SFS の例を図 6.2 に示す．参照ゲノム配列が必ずしも祖先型アレルとなっているわけではないことに注意しよう．

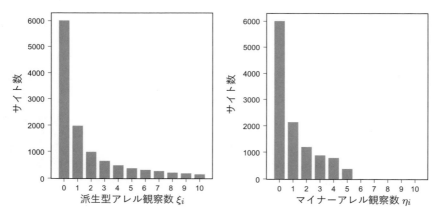

図 6.2 染色体数＝サンプルサイズ (n) が 10 のときの折りたたみなし SFS（左）と折りたたみ SFS（右）の例．

6.2　多様性の記述からわかること

　上で述べた要約統計量から，集団の遺伝的多様性において重要ないくつかのパラメータを計算できる．また，中立を仮定したときの値と観察された値を比較して，有効集団サイズの変化や自然選択の検出を行うことができる．

6.2.1　SFS からわかること

　集団の遺伝的多様性を理解するうえで重要なパラメータが**集団変異率** (population mutation rate) θ である．集団サイズが一定で自然選択を無視するモデルを**標準中立モデル** (Standard Neutral Model, SNM) とよぶ．このとき，有効集団サイズを N_e，突然変異率を μ とすると，θ は

$$\theta = 4N_e\mu \tag{6.2}$$

で近似される．

折りたたみなし SFS (ξ_i) の SNM における期待値は，

$$E(\xi_i) = \frac{\theta}{i} \quad (1 \leq i \leq n-1) \tag{6.3}$$

となることが知られている．折りたたみ SFS (η_i) の場合は

$$E(\eta_i) = \theta \frac{1/i + 1/(n-i)}{1 + \delta_{i,n-i}} \quad \left(1 \leq i \leq \left[\frac{n}{2}\right]\right) \tag{6.4}$$

となる．$[n/2]$ は $n/2$ を超えない最大の整数を表す．$\delta_{i,j}$ は，$i = j$ のときは $\delta_{i,j} = 1$ となり，$i \neq j$ のときは $\delta_{i,j} = 0$ となる[3]．

もし集団が SNM に従って進化しているのではなく，その有効集団サイズが増えていたり，正の自然選択を受けていたりする場合，低頻度のアレル（i が小さいアレル）が中立の場合よりも多く観測される．すると，SFS は**図 6.3**(a) のようになる．

また，集団中に構造が見られ，分集団に分かれているときや，平衡選択を受けている遺伝子領域の場合，中程度の頻度が中立の場合と比べて増加する（図 (b)）．

したがって，SFS を得ることができれば，その集団が中立進化をしているかどうか，集団サイズが一定であるかどうかの目安を得ることができる．この性質を利用して中立性の検定を可能にしたのが田嶋の D 統計量 (Tajima's D statistics) である[4]．

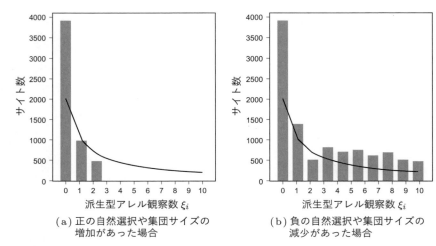

図 6.3 集団サイズが増加したとき，または正の自然選択があったときのその領域の折りたたみなし SFS (a)，集団サイズが減少したときの折りたたみなし SFS (b) をヒストグラムで，SNM での期待値を実線で示す．

6.2.2 田嶋の D 統計量

6.1 節で説明した要約統計量は θ と密接な関係がある．S を $a_n = \sum(1/n)$，$n = 1, 2, \ldots, i-1$ で割った量の期待値 E は，SNM では θ となる[5]．

$$E[S/a_n] = \theta \tag{6.5}$$

この性質を利用して，S/a_n を θ の推定値（θ_W，**Watterson の** θ）とすることができる．

また，同様に π の SNM での期待値は θ であるので，

$$E[\pi] = \theta \tag{6.6}$$

として，π を θ の推定値（θ_π）とすることができる[6]．

θ_w と θ_π の差を標準偏差で割ったものが，**田嶋の D 統計量**である．

$$D = \frac{d}{\sqrt{\hat{V}(d)}} = \frac{\hat{k} - S/a_1}{\sqrt{e_1 S + e_2 S(S-1)}}$$

$$e_1 = \frac{c_1}{a_1}, \quad e_2 = \frac{c_2}{a_1^2 + a_2},$$

$$c_1 = b_1 - \frac{1}{a_1}, \quad c_2 = b_2 - \frac{n+2}{a_1 n} + \frac{a_2}{a_1^2},$$

$$b_1 = \frac{n+1}{3(n-1)}, \quad b_2 = \frac{2(n^2+n+3)}{9n(n-1)},$$

$$a_1 = \sum_{i=1}^{n-1} \frac{1}{i}, \quad a_2 = \sum_{i=1}^{n-1} \frac{1}{i^2} \tag{6.7}$$

SNM では（すなわち，中立進化が起こっており，有効集団サイズが一定の場合），θ_W と θ_π のそれぞれの期待値はいずれも θ となることから，$D = 0$ となることが期待される．しかし，自然選択がはたらいているか有効集団サイズの変化をしている場合は，θ_W と θ_π がいずれも SNM での期待値とならずに差が生じるため，D は 0 からずれることになる．

上記のように，有効集団サイズが増えた場合，または正の自然選択を受けていた遺伝子領域については，低頻度のアレルが中立の場合よりも多く観測される．このとき，θ_W は θ_π に比べて大きくなるため $D < 0$ になる．また，集団中に構造が見られ分集団に分かれているときや，平衡選択を受けている遺伝子領域の場合，中程度の頻度が中立の場合と比べて増加するため，θ_π は θ_W に比べて大きくなり，$D > 0$ になる．

6.2.3 塩基多様度の集団間の比較

同種の 2 集団 A と B のそれぞれの塩基多様度 π を π_A と π_B とする．前述のとおり，π は θ の推定値とできることから，π_A と π_B はそれぞれ θ_A と θ_B の推定値とできる．また，集団 A と B は同じ種の別の集団であることから，それぞれの集団のゲノムにおける突然変異率は同じであると仮定できる．したがって，π_A と π_B の大小を比べると，集団 A と集団 B の有効集団サイズを比較していることになり，π_A が π_B よりも大きい場合は，集団 A の有効集団サイズが集団 B のそれよりも大きいことを示唆している．

6.3　VCFtools/bcftools による各種要約統計量の算出

　ここでは，VCFtools を使って様々な統計量を算出する．VCFtools のインストールは Conda を用いて行うことができる（付録 B 参照）．ここで用いているバージョンは 0.1.16 である．データセットは各集団 20 個体ずつ，計 100 個体分のジェノタイピングを行った結果が記されているファイル（yaponesia.vcf.gz）で，/data/6/にある．

6.3.1　塩基多様度の推定

　一般に，π は任意交配が行われている集団内で計算をしないと意味をなさない．したがって，ターゲットとなる集団のサンプルを指定しなければならない．あらかじめすべての個体のデータが入った vcf ファイルを，ターゲットとなる個体だけを含んだものに変換してもよいし，π を計算するときに使用する個体を指定してもよい．ここでは後者の方法で解析を行う．

　指定した個体を抜き出すには，個体名のリストからなるファイルを作る必要がある．まずは less（または zless）を使って yaponesia.vcf.gz の内容を確認してみよう．

```
%less yaponesia.vcf.gz
```

　矢印カーソルやスペースキーを用いて画面をスクロールすると，行頭が#であるヘッダーの最後に次のような行がある．

```
#CHROM   POS    ID     REF    ALT    QUAL    FILTER  INFO    FORMAT
FK01     FK02   FK03   FK04   FK05   FK06    FK07    FK08    FK09
FK10     FK11   FK12   FK13   FK14   FK15    FK16    FK17    FK18
FK19     FK20   OS01   OS02   OS03   OS04    OS05    OS06    OS07
...
```

　これは vcf ファイルの列のラベルを示している．10 列目以降が個体の名前になっている．これを見ると，FK01, FK02,... といったものが個体名だということが確認できる．

6.3 VCFtools/bcftools による各種要約統計量の算出 | 89

したがって，たとえば FK 集団の個体だけを抜き出したい場合には，

```
FK01
FK02
...
```

といったテキストファイルを作成する必要がある．表計算ソフトなどを利用して手作りしてもよいが，せっかくなのでシェルスクリプトを使ってみよう．

```
### output_list.sh
#!/bin/bash
for i in `seq -w 20`; do
echo $1$i
done
```

上記のコマンドを直接入力するか，シェルスクリプトファイル (output_list. sh) として保存して sh コマンドで実行する（output_list.sh は/data/6/にある）．

```
%sh output_list.sh FK > FK_list.txt
```

この例では，集団名 FK をシェルスクリプトのパラメータとして渡しているので，他の集団名にも応用が可能である．for 構文の詳細については他の資料を参考にしてもらいたいが，ある程度の知識があればスクリプトがどのようなことを行っているか簡単に理解できるだろう．

1 行で書くと次のようになる．複数行からなるシェルスクリプトを 1 行で実行するには，改行の代わりに，次のようにセミコロン (;) を付け加えるとよい．最後の行の > は，echo で出力した文字をファイル FK_list.txt に書き込むためのものである．

```
%for i in {01..20}; do echo FK$i; done > FK_list.txt
```

6 集団の多様性解析

それでは，VCFtools を用いて実際に π を計算してみよう．VCFtools ではウインドウサイズ（平均値を計算する領域の長さ）を bp で指定する．以下のコマンドは FK 集団における全領域 (22,513,500 bp) の π を計算させている．--keep オプションで，計算の対象となる個体を指定する．

```
%vcftools --gzvcf yaponesia.vcf.gz --keep FK_list.txt --window-pi 23513500
--out FK
```

結果は FK.windowed.pi に出力される（--out オプションで出力ファイルのプレフィックス（prefix，先頭の文字列）を指定できる．指定しなければプレフィックスは out になる）．FK.windowed.pi の内容は次のとおりとなり，染色体番号 (CHROM)，ウインドウの最初の座標 (BIN_START)，最後の座標 (BIN_END)，変異サイトの数 (N_VARIANTS)，π の値 (PI) が出力されている．

CHROM	BIN_START	BIN_END	N_VARIANTS	PI
chr1	1	23513500	129888	0.00011845628205

"--window-pi 100000" とすると，100 kbp の長さのウインドウそれぞれで π が計算される．

```
%vcftools --gzvcf yaponesia.vcf.gz --keep FK_list.txt --window-pi 100000
--out FK_100K
```

FK_100K.windowed.pi の内容は次のようになる．先の場合と同様，染色体番号 (CHROM)，ウインドウの最初の座標 (BIN_START)，最後の座標 (BIN_END)，変異サイトの数 (N_VARIANTS)，π の値 (PI) が出力され，リストされている．

CHROM	BIN_START	BIN_END	N_VARIANTS	PI
chr1	1	1000000	6618	0.00116289
chr1	1000001	2000000	6506	0.0011424
chr1	2000001	3000000	6823	0.00122146
chr1	3000001	4000000	6714	0.0012641
...				

6.3　VCFtools/bcftools による各種要約統計量の算出　91

シングルトンの数は，-singletons オプションで計測できる．

```
%vcftools --gzvcf yaponesia.vcf.gz --keep FK_list.txt --singletons
```

結果 (out.singletons) は次のようになる．

```
CHROM    POS     SINGLETON/DOUBLETON    ALLELE    INDV
chr1     4656    D                      G         FK13
chr1     5199    S                      T         FK17
chr1     5295    S                      G         FK15
chr1     5484    S                      T         FK12
...
```

ここでは，染色体番号 (CHROM)，座標 (POS)，シングルトン (S) とダブルトン (D) の区別 (SINGLETON/DOUBLETON)，シングルトンとなっているアレルがもつ塩基 (ALLELE)，シングルトンをもつ個体の ID (INDV) が出力されている．マイナーなアレルが 1 つの個体にしか存在せず，さらにその個体がホモ接合となっている SNP がダブルトンとしてカウントされ出力される．

また，次のコマンドで，田嶋の D 統計量を計算することができる．

```
%vcftools --gzvcf yaponesia.vcf.gz --keep FK_list.txt --TajimaD 23513500
```

結果 (out.TajimaD) は次のようになる．

```
CHROM    BIN_START    N_SNPS    TajimaD
chr1     0            129887    -0.840331
chr1     23513500     0         nan
```

ここでは，染色体番号 (CHROM)，ウインドウの最初の座標 (BIN_START)，計算に使用された SNP の数 (N_SNPS)，田嶋の D 統計量の値 (TajimaD) が出力されている．

6.3.2 SFS を用いた解析

(1) 集団の SFS を得る

ここでは, bcftools (付録 B 参照) を用いて η_i をカウントする. まず, VCFtools を用いて FK 集団のみを含んだ vcf ファイルを作成する.

```
%vcftools --gzvcf yaponesia.vcf.gz --keep FK_list.txt --recode --stdout |
gzip > FK.vcf.gz
```

このコマンドでは, --stdout オプションを使って出力を画面に表示し, それをパイプ処理で gzip コマンドに渡している. --recode オプションと --out オプションの組み合わせでは出力ファイルの名前を自由に決定できないので, このような工夫をすると便利である.

次に, bcftools の -c オプションを用いて, 変異型アレルのカウント数が指定数以上のサイトを抽出する. また, bcftools の -C オプションは変異型アレルのカウント数が指定数以下のサイトを抽出する. この 2 つを同時に使って

```
%bcftools view FK.vcf.gz -c 1 -C 1
```

とすれば, 変異型アレルのカウント数が 1 のサイトだけを抽出できる. これを -c 1 -C 1 から -c 39 -C 39 まで順に繰り返し, マイナーアレルのカウントをすれば $i = 1 \sim 39$ までの η_i を得ることができる. 次のシェルスクリプトは, for 構文を使って bcftools を繰り返し実行するものである (count_bcftools.sh, /data/6/にある).

```
### count_bcftools.sh
#! /bin/bash
for i in `seq 39`; do
bcftools view FK.vcf.gz -c $i -C $i | grep -v "^#" | wc -l
done
```

これを実行すると, 変異型アレルのカウント数が 1 〜 39 までのそれぞれのサイトの数を画面上に出力できる. 変異型アレルのカウントが 1 と 39 であるそれ

6.3 VCFtools/bcftools による各種要約統計量の算出 | 93

ぞれのサイトの数の和を η_1 とし，変異型アレルのカウントが 2 と 38 であるそれぞれのサイトの数の和を η_2 とし…を繰り返し，変異型アレルのカウントが 20 であるサイトの数を η_{20} として計算を終えると，η_i が得られる．

(2) 集団の π を求め θ の推定値を得る

VCFtools を使って，FK 集団のゲノム全域における π を求めよう．

```
%vcftools --gzvcf FK.vcf.gz --window-pi 23513500 --out FK
```

上のコマンドを入力し，出力されたファイル (`FK.windowed.pi`) は以下のようになる．

```
CHROM      BIN_START      BIN_END      N_VARIANTS      PI
1          1              23513500     129888          0.00100756
```

得られた π が 0.00100756 であるので，これを θ の推定値 θ_π とする．

(3) θ_π から SNM での SFS を得る

θ が得られると，式 (6.4) より SNM における SFS を推定することができる．η_i を得るための θ は領域あたりの量で，上記で求めた θ_π はサイトあたりの量であるので，η_i を求めるには θ_π にゲノムの全長 23,513,500 Mbp を乗じる[†]．また，それぞれの i における期待値は式 (6.4) を用いて求める．

SNM における観測値と予測値をプロットすると，図 6.4 のようになる．

図を見ると，FK 集団は低頻度のアレルが中立を仮定したときよりも多いことがわかる．この結果は FK 集団が有効集団サイズの上昇を過去に経験した可能性を示唆している．田嶋の D 統計量は 6.3.1 項で示したように負の値を示しているので，やはり FK 集団は有効集団サイズの上昇を過去に経験したことが示唆される．

[†] ここで気を付けなければならないのは，乗じる値は「ゲノム配列を決定できたサイトの数」でなければならないことである．解析に用いた全サイト数の推定については第 12 章で触れる．

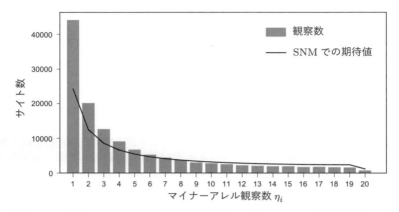

図 6.4 FK 集団の SFS．データからの観察数をヒストグラムで，推定された π から予想される SNM での期待値を実線で示す．

6.3.3 塩基多様度の比較

FK 集団と TK 集団の π を比較してみよう．FK 集団の π は上記で求めたようにおよそ 0.0011 であった．TK 集団の π を次のコマンドで求める．

```
%vcftools --gzvcf yaponesia.vcf.gz --keep TK_list.txt --window-pi 23513500 --out TK
```

結果 (`TK.windowed.pi`) は次のようになる．

CHROM	BIN_START	BIN_END	N_VARIANTS	PI
1	1	23513500	28210	0.000290803

これを見ると，およそ $\pi = 0.00029$ である．TK 集団における π は FK 集団のおよそ 1/3 なので，TK 集団の有効集団サイズは FK 集団のそれの 1/3 相当であることが示唆される．

参考文献

[1] Ellstrand, N. C. and D. R. Elam, *Population genetic consequences of small pop-*

ulation size: Implications for plant conservation. Annual Review of Ecology and Systematics, 1993. **24**(1): pp. 217–242.

[2] Nei, M. and W. H. Li, *Mathematical model for studying genetic variation in terms of restriction endonucleases.* Proceedings of the National Academy of Sciences of the United States of America, 1979. **76**(10): pp. 5269–5273.

[3] Wakeley, J., *Coalescent theory: An introduction, 2008. Roberts & Company Publishers.* Greenwood Village, Colorado.

[4] Tajima, F., *Statistical method for testing the neutral mutation hypothesis by DNA polymorphism.* Genetics, 1989. **123**(3): pp. 585–595.

[5] Watterson, G. A., *On the number of segregating sites in genetical models without recombination.* Theor Popul Biol, 1975. **7**(2): pp. 256–276.

[6] Tajima, F., *Evolutionary relationship of DNA sequences in finite populations.* Genetics, 1983. **105**(2): pp. 437–460.

Chapter 7

集団構造の可視化

7.1 集団構造を可視化する方法

　膨大な数の多型データを用いて解析を行うことの大きな利点の1つは、集団をあらかじめ定義することなく個体レベルの解析を進め、解析結果から集団を

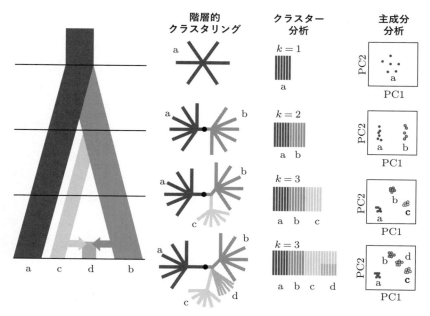

図 7.1 集団構造を見るための手法. 左は集団 (a, b, c, d) の分岐と合流（混血）の過程を示す. 右は、それぞれの時点における解析の結果を示す.

定義したり，集団構造を観察したりできることである．本章では，複数個体の
ゲノムワイド多型データを用いて集団構造を見る方法として，遺伝距離を用い
た階層的クラスタリング，多変量解析，遺伝モデルベースのクラスター解析に
ついて解説する（図7.1）.

7.2　遺伝距離を用いた階層的クラスタリング

　集団構造を見るための方法の1つは，遺伝距離を観察することである．ここ
で，解析に用いるゲノムデータには，1) 多型サイトのみを抽出したデータ，お
よび2) 単型的な (monomorphic) サイトも含めた連続した配列データの2種類
があることに注意されたい．いずれにしても，2本の染色体間の遺伝距離は単
純に，調べた塩基のうち異なる塩基の割合として表すことができるが，データ
のタイプによってその値の意味は変わってくる．

7.2.1　集団間の遺伝距離

　2つの集団 X および Y の間の遺伝距離 D_{XY} についても，それぞれから1本
ずつ抽出された染色体間の遺伝距離を調べ，すべての組み合わせについて平均
したものと考えることができる．ここで，あるサイト k についてアレル A およ
び B の集団 X における頻度を p_{X_k} および $1 - p_{X_k}$，集団 Y における頻度を p_{Y_k}
および $1 - p_{Y_k}$ とすると，サイトあたりの遺伝距離 d_{XY_k} は

$$d_{XY_k} = p_{X_k}(1 - p_{Y_k}) + p_{Y_k}(1 - p_{X_k}) \tag{7.1}$$

であり，これを調べたすべてのサイト L について平均すれば，D_{XY} を求める
ことができる．

$$D_{XY} = \frac{1}{L} \sum_{k}^{L} d_{XY_k} \tag{7.2}$$

また，集団 X 内における染色体間の遺伝距離の不偏推定値 D_X は，

$$D_X = \frac{1}{L} \sum_k^L d_{X_k},$$

$$d_{X_k} = 2p_{X_k}(1 - p_{X_k})\frac{2n_X}{2n_X - 1} \tag{7.3}$$

で与えられる．ここで，n_X はサンプルサイズ（$2n_X$ は染色体数）である．もし調べたサイトが単型的なサイトを含む連続した配列であれば，D_X は塩基多様度 π と同義となる．集団間の遺伝距離を表す尺度としては，D_{XY} だけではなく，集団内における遺伝距離との差分 D_m で表すこともできる．

$$D_m = D_{XY} - \frac{D_X + D_Y}{2} \tag{7.4}$$

D_m は**根井の最小遺伝距離** (Nei's minimum genetic distance)，連続した配列情報から求められた場合には**純塩基置換数** (net nucleotide divergence) D_a とよばれる[1,2]．

7.2.2 個体間の遺伝距離

二倍体生物の 2 個体間においては，それぞれの個体から 1 本ずつ抽出した染色体を比較して，すべての組み合わせ（4 通り）について平均して遺伝距離を算出する．実際の計算では，まず，サイトごとに遺伝子型の組み合わせから 2 個体 i と j の間の遺伝距離 d_{ij} を算出する（**表 7.1**）．ここで，両者がともにヘテロ接合であるとき，遺伝子型が同じだからといって，当該サイトの遺伝距離が 0 にならないことに注意されたい†．そして，調べたすべてのサイト L につ

表 7.1 個体間のサイトあたりの遺伝距離 d_{ij}.

		遺伝子 i の遺伝子型		
		AA	AB	BB
個体 i の 遺伝子型	AA	0	0.5	1
	AB	0.5	0.5	0.5
	BB	1	0.5	0

---

† PLINK では IBS (Identity By State) 距離というものが計算可能であるが，その場合はヘテロ接合アレル間の距離を 0 としているので注意が必要である．

いて d_{ij} を平均すればよい．

$$D_{ij} = \frac{1}{L} \sum_k^L d_{ijk} \tag{7.5}$$

同一の集団 X から抽出された非血縁の 2 個体によって算出された D_{ij} の値は，集団内の遺伝距離 D_X の推定値となり，調べたサイトの数 L が多ければ，誤差は小さいものとなる．また，1 つの個体 i における 2 本の染色体間の遺伝距離 D_i（つまり，個体内の平均ヘテロ接合度）も，その個体が近親交配によって生まれたものでなければ，D_X の推定値となる．

もし，2 つの個体が異なる集団 X と Y から抽出されたものである場合，D_{ij} の値は D_XY の推定値となる．D_i および D_j は，この場合においても D_X および D_Y の推定値となることから，$D_{ij} - (D_i + D_j)/2$ は D_m の推定値となる（図 7.2）．つまり，調べたサイトの数が十分に多ければ，最低 2 個体で集団間の遺伝距離を算出できるのである．

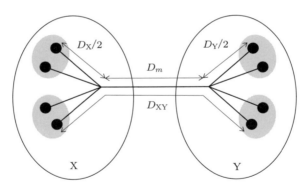

図 7.2　個体間と集団間の遺伝距離．集団 X および Y からそれぞれ 2 個体ずつを抽出したときを図示している．個体間（染色体間）の遺伝距離は集団間の遺伝距離の推定値となる．

7.2.3 階層的クラスタリング

階層的クラスタリング (hierarchical clustering) は標本を階層的に木構造でまとめあげていく統計手法であり，その結果は**樹形図**（デンドログラム，dendrogram）として表される．樹形図の中でも，時間や分岐といった意味をもた

せたものを，特別に**系統樹** (phylogenetic tree) とよぶ．ここで注意すべきは，個々の遺伝子座についてハプロイド間で描いた樹形図は系統樹とよべるが，それを統合したゲノムレベルのデータについての樹形図や二倍体の個体間の樹形図は，個々の遺伝子座が異なる系統関係をもっている場合，もはや系統樹とはよべないという点である．ただし，異なる種間のゲノム比較などの場合で，すべての遺伝子座が同じ系統関係をもっている場合には，得られた樹形図を系統樹とみなすことができる．ここで，遺伝子座が異なる系統関係をもっているということは，つまり，遺伝子座間に組換えが起こっており，それが系統関係に反映されているということである．系統樹作成の方法には，大きく分けて距離ベースの方法（非加重結合法や近隣結合法）と配列ベースの方法（最尤法やベイズ法）があるが，後者では基本的に組換えを考慮していないため，ゲノムレベルのデータで樹形図を描く場合には距離ベースの方法を用いるほうが適切である．

　ここでは，個体間の遺伝距離に基づいて，階層的クラスタリングを行う．まずは，すべての個体のペアについて D_{ij} を求めて遺伝距離の行列を作成し，これをもとに樹形図を描く．距離ベースで樹形図を作成するためのアルゴリズムとして代表的なものには，**非加重結合法** (Unweighted Pair Group Method with Arithmetic mean, **UPGMA**)[3] や**近隣結合法** (neighbor-joining method)[4] がある．非加重結合法は，平均距離法とよばれることもある．それぞれの樹形図作成のアルゴリズムの詳細については，ここでは割愛する．進化速度が枝によらず一定であることが仮定できれば非加重結合法を用いてもかまわないが，そうでない場合には近隣結合法を用いるべきである．

7.2.4　系統ネットワーク

　上述の階層的クラスタリング（系統樹）では，データの類似性を木構造（分岐）でのみ表す．しかしながら，実際の集団の形成過程には分岐だけでなく，合流や遺伝子流動があり，複雑である．このような複雑な集団形成過程を記述するためには，網目構造をもつ系統ネットワークを描くことが有効である．

　NeighborNet 法[5] は，系統ネットワークの代表的な作成手法である．距離

ベースの樹形図作成法と同様，遺伝距離行列が入力データとなる．たとえば，4つの操作的分類単位 (Operational Taxonomic Unit, OTU) が存在する場合，NeighborNet 法では，2 方向のスプリットを想定し，それを平行四辺形で表現する．木構造のみの樹形図では実際の距離と樹形図上の距離の矛盾が出てきてしまうが，NeighborNet 法では網目構造を作ることによってそれを解消することができる（図 7.3）．

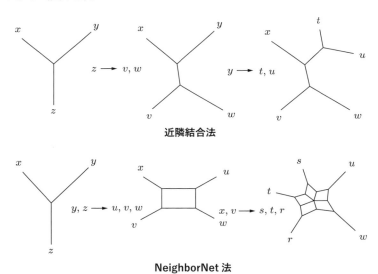

図 7.3　近隣結合法と NeighborNet 法[5]．

7.3　遺伝モデルベースのクラスタリング解析

遺伝モデルベースのクラスタリング解析では，指定した数（K 個）の祖先集団があり，各個体はこれら祖先集団からある割合でゲノムを受け継いでいると仮定する．ここで，祖先集団 k における多型サイト j におけるアレル A の頻度を f_{kj}，祖先集団 k の個体 i への寄与を q_{ik} とする．このとき，個体 i の多型サイト j において遺伝子型 AA, AB, BB をもつ確率は，それぞれ

$$P(\mathrm{AA}) = [\sum_k q_{ik} f_{kj}]^2,$$

$$P(\text{AB}) = 2[\sum_k q_{ik} f_{kj}][\sum_k q_{ik}(1 - f_{kj})],$$

$$P(\text{BB}) = [\sum_k q_{ik}(1 - f_{kj})]^2 \tag{7.6}$$

と表される．q_{ik} と f_{kj} を要素とする行列をそれぞれ $\mathbf{Q}$ と $\mathbf{F}$ としたとき，観察データの尤度を最大化するような $\mathbf{Q}$ と $\mathbf{F}$ を求めるというのがモデルベースのクラスタリング解析である．

7.3.1　STRUCTURE/FRAPPE/ADMIXTURE

　モデルベースのクラスタリング解析のためのプログラムには，STRUCTURE[6]，FRAPPE[7]，ADMIXTURE[8] などがあるが，これらの違いは主に尤度の最大化問題の解き方にある．STRUCTURE では，マルコフ連鎖モンテカルロ (MCMC) 法を用いたベイジアンアプローチによって事後分布を抽出するのに対し，FRAPPE では Expectation–Maximization (EM) アルゴリズムを用いている．ADMIXTURE では，ブロック緩和 (block relaxation) 法というアルゴリズムが用いられており，さらに $\mathbf{Q}$ と $\mathbf{F}$ を交互に更新するように工夫をすることで，大規模データにおいても短い計算時間での解析を実現している．

　いくつかの任意の k の値で得られた解析結果のうち，どの k の値が最も妥当な結果を与えているといえるだろうか．そのためには，交差確認誤差 (Cross-Validation error, CV error) を算出し，それが一番小さい k の値を選ぶのが一般的である．ただし，研究によって着目したい特定の集団構造があるのであれば，CV error の値を必ずしも参考にする必要はない．

7.4　多変量解析

　集団ゲノムデータは，多くの個体を扱い，個々の多型サイトを変数とする高次元のデータである．多変量解析によって，高次元データを次元削減して可視化することができる．

7.4.1　多次元尺度構成法

　多次元尺度構成法 (multi-dimensional scaling, MDS) とは，個体間の関係を低次元空間における点のプロットで表現する多変量解析手法の 1 つである．個体間における任意の距離行列から解析を始めるため，遺伝距離行列にも用いることができる．多次元尺度構成法では，個体間の多次元における距離をできるだけ保存するように低次元射影を見出す．たいていの場合，平面に図示できるよう 2 次元に射影する．

7.4.2　主成分分析

　主成分分析 (PCA) も多次元尺度構成法同様，個体間の関係を低次元空間に縮約する多変量解析手法である．主成分分析では，多次元変数空間において，最も分散の大きな方向に軸をとり，これを第 1 主成分 (PC1) とする．続いて，PC1 に直交し，次に分散の大きな方向に PC2 をとる．このように，上位の PC に直交して，分散の大きな方向に繰り返し軸をとることで，主成分を決めていく．

　主成分分析では，変数の分散共分散行列または相関行列から解析を始める．ここでは数学的な詳細は割愛するが，これらの行列（変数の数が m 個であるとき $m \times m$ 行列）についての固有方程式を解く（固有値分解する）ことで，軸の方向を表す固有ベクトルと分散の大きさを表す固有値が求められる．通常の主成分分析では，変数の数 $m <$ サンプルサイズ n であり，変数と同じ数の固有ベクトルと固有値のセットが得られ，固有ベクトルは変数空間のベクトルとなる．各個体に対しては，変数の値と固有ベクトルから，当該主成分の主成分スコアを合成することができる．

　しかし，ゲノム解析では膨大な数のサイトを調べるため，変数の数 $m >$ サンプルサイズ n であり，解析プログラム EIGENSOFT では，変数間の共分散行列ではなく，個体間の共分散行列（$n \times n$ 行列）の固有値問題に帰着させて主成分を得ている．このとき，固有ベクトルは個体空間のベクトルとなる．つまり，各個体に対し，主成分スコアではなく，固有ベクトルが示される．

7.5 解析結果を解釈するうえでの注意点

本章で紹介している解析手法は，データを可視化し把握するために有用であるが，その解釈には注意を要する．ここに，いくつかの注意点を挙げておこう．

7.5.1 集団間の交雑がある場合の樹形図

個体間や集団間の遺伝距離に基づいて階層的クラスタリングを行うとき，1つの遺伝子座を用いれば，その結果は木構造をもった系統樹となる．複数の遺伝子座を用いて階層的クラスタリングを行うとき，もし集団間の交雑がなければ，階層的クラスタリングの結果は個体や集団の系統関係を反映した樹形図となる．しかしながら，もし集団間の交雑がある場合には，トポロジーの歪んだ樹形図が得られてしまう．本来，交雑がある場合に，それを樹形図で表現することは不可能であるが，数理的な処理は可能であり，誤った結果を出してしまうのである．このような誤りを避けるために，樹形図と系統ネットワークの両方を描くことを推奨する．系統ネットワークで網目構造がほとんど見られず，樹形図と同じような形をとる場合には，交雑の影響は無視できるものと考えられる．系統ネットワークで網目構造が見られる場合には，交雑の影響は無視できず，樹形図にすべきではないと考えたほうがよい．交雑があると考えられる場合には，第9章で解説するように TreeMix などのプログラムを用いて，移住を考慮した集団間の関係を示すことも可能である．

7.5.2 交雑集団の解釈

遺伝モデルベースのクラスタリング解析や主成分分析は，集団構造を理解するために行われることが多い．したがって，遺伝モデルベースのクラスタリング解析において個体が2つの祖先集団によって表された場合や，主成分分析において個体からなるクラスターが2つの異なるクラスターの間に位置した場合，それを交雑の結果であると即座に解釈してしまいがちである．しかしながら，そのような結果は，交雑のない，単に分岐だけの集団史においても現れる可能性があるということに注意しておかねばならない．これらの解析は，集団構造

7.6 ゲノムデータを用いた集団構造の可視化 | 105

を捉える目安の1つにすぎず，集団史を解明するためには，様々な解析を組み合わせて根拠を示すことが必要となる．早計な解釈は誤りのもとである．

7.5.3 数理解析上のアーティファクト

数理解析を行うとき，アーティファクトが現れうることにも注意しなければならない．たとえば主成分分析では，第1主成分から順に線形に軸を決めていくが，非線形の部分や蓄積したノイズが後ろの主成分に現れることがよくある．このような主成分を意味のあるものとして解釈してしまうことも，間違いのもととなる．

7.6 ゲノムデータを用いた集団構造の可視化

ここでは，架空生物 *F. yaponesiae* の5集団50個体のゲノムデータについて，集団構造を見てみよう．元となるデータはVCFファイル（`yaponesia.vcf.gz`）である．このデータは`/data/6/`にある．

7.6.1 階層的クラスタリングと系統ネットワーク解析

まず，データをRで読み込んで個体間の遺伝距離を求める．遺伝距離を求めるスクリプトは自分で書いてもよいし，既存のスクリプトを使用してもよいだろう．ここでは，`SNPRelate`, `SeqArray`, `gdsfmt`[9, 10], `phangorn`[11] といった既存のパッケージを利用することにする．ここで用いている `SNPRealate` の関数 `snpgdsDiss` では，式 (7.5) にある D_{ij} を，そのサンプル中の2つのゲノムの距離の平均で割った値が算出される．

Rのパッケージ管理にはいくつかの方法があるが，本書では Conda を利用する．付録Bのコマンドを参照して，それぞれのパッケージをインストールしてほしい．特に，これらのパッケージとRのバージョンとの整合性がとれない場合があるので，エラーが出た場合は新しい仮想環境を作ってから，付録Bに書かれたバージョンのRとパッケージをインストールするとよい．

インストール後，Rを起動し，以下のRスクリプトをR上で実行する．な

お，vcf ファイルと R スクリプトは同じディレクトリにあるとする．

```
### yaponesia_neighbornet.R
# パッケージの呼び出し
library("gdsfmt")
library("SNPRelate")
library("SeqArray")
library("phangorn")
#VCF ファイルから GDS フォーマットへの変換
vcf.fn <- "yaponesia.vcf.gz"
snpgdsVCF2GDS(vcf.fn,"basic.gds",method="copy.num.of.ref")
snpFromVCFtoGDS <- snpgdsOpen("basic.gds")
#遺伝距離の計算
dissMatrix <- snpgdsDiss(snpFromVCFtoGDS, autosome.only=FALSE,
remove.monosnp=FALSE, missing.rate=NaN, num.thread=4,
verbose=TRUE)
#NEXUS ファイルの作成
sampleNumber <- length(read.gdsn(index.gdsn(snpFromVCFtoGDS,
"sample.id")))
sampleNameList <- sapply(1:sampleNumber,
function(x){strsplit(read.gdsn(index.gdsn(snpFromVCFtoGDS,"sample
.id")), split="-M3")[[x]][1]})
outputDist <- dissMatrix$diss
rownames(outputDist) <- sampleNameList
colnames(outputDist) <- sampleNameList
```

この段階で，オブジェクト outputDist に，個体間の遺伝距離が行列として格納される．R 上で系統ネットワークを作成するには phangorn パッケージの nnet を利用する．以下の R スクリプトは nnet を用いて系統ネットワークを作成し，ファイル yaponesia.nn.png に png 形式で書きだすものである．

```
png("yaponesia.nn.png")
nnet <- neighbornet(outputDist)
plot(nnet, "2D")
dev.off()
```

phangorn の描画機能はそれほど優れていないので，ネットワーク図の個体名が重なるなど，見た目の調整が難しい．そこで，遺伝距離行列の NEXUS ファイルをもとにして，SplitsTree4[12] を用いて樹形図および系統ネットワークを

描いてみよう．

```
phangorn::writeDist(outputDist, file=paste(vcf.fn, ".nj.nex", sep=""),
format="nexus")
```

まず，SplitsTree4 を Web サイト (https://uni-tuebingen.de/en/fakultaeten/mathematisch-naturwissenschaftliche-fakultaet/fachbereiche/informatik/lehrstuehle/algorithms-in-bioinformatics/software/splitstree/) からダウンロードして，インストールする[†]．インストールできたら，SplitsTree4 を起動し，yaponesia.vcf.gz.nj.nex を開いてみよう．図 7.4(a) にあるような NeighborNet 法による系統ネットワーク図が現れたはずだ．次に，近隣結合法による樹形図を作成したければ，Trees タブから NJ を選び Apply すればよい（図 (b)）．ここで，近隣結合法（図 (b)）と比べて，NeighborNet 法（図 (a)）では，樹形は似ているが，中心部に網目構造がある．つまり，集団間の交雑があったことが示唆される．しかしながら，この図からだけでは，どの集団の間に交雑があったかを特定するのは難しい．

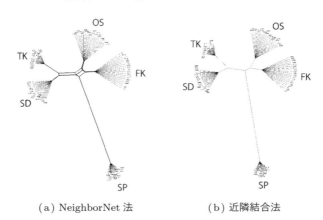

(a) NeighborNet 法　　　　(b) 近隣結合法

図 7.4 SplitsTree4 を用いた図の作成．(a) NeighborNet 法，(b) 近隣結合法．

[†] Windows 版，macOS 版，Linux 版があるので，自分のシステムに合わせたものをダウンロードしよう．

7.6.2 ADMIXTURE による解析

ここでは，ADMIXTURE で解析を行う手順を紹介しよう．ADMIXTURE プログラムでは，VCF フォーマットは使えず，PLINK（PED または BED）フォーマット，あるいは EIGENSTRAT (GENO) フォーマットが利用できる．

ここではまず，PLINK を用いて，vcf ファイルを BED フォーマット（バイナリー形式の PED フォーマット）に変換する（PLINK のインストールについては第 5 章，付録 B 参照）．VCF ファイルから BED フォーマットへの変換は，--make-bed を用いて次のように行う．

```
%plink --vcf yaponesia.vcf.gz --keep-allele-order --make-bed --out
yaponesia
```

PLINK はデフォルトでは**マイナーアレルを A1，メジャーアレルを A2** にセットしてしまう[†]．これを防ぐために，--keep-allele-order オプションを常に入れておくことを推奨する．BED フォーマットは，遺伝子型情報を記載する bed，遺伝マップ情報を記載する bim，家系情報を記載する fam の 3 つのファイルからなり，これらの拡張子がついたファイルが作成されたことを確認する．

ADMIXTURE のインストールは Conda を用いて行うことができるが，本書の執筆段階では，WSL 上で ADMIXTURE を実行するとエラーが起こることが確認されている．ADMIXTURE (ver1.3.0) のインストール法については付録 B を参照されたい．

ADMITURE を行う前に，個体を北から南に並べ替えておこう．シェルスクリプト，テキストエディタ，または表計算ソフトなどを用いて，次のようなタブ区切りのテキストファイルを作成し，reorder_list.txt として保存する（このファイルは**/data/7/**にある）．

SP01	SP01
SP02	SP02

[†] バイアレリックな変異において，ある集団中で頻度が高いほうのアレルをメジャーアレル，低いほうのアレルをマイナーアレルとよぶ．これらは注目する集団が異なると入れ替わってしまうことがあるので注意が必要である．

7.6 ゲノムデータを用いた集団構造の可視化 | 109

```
...
FK19            FK19
FK20            FK20
```

次に，PLINK の `--indiv-sort` オプションを使ってソートをする．

```
%plink --bfile yaponesia --indiv-sort f reorder_list.txt --make-bed --out
yaponesia_reordered
```

作成された `yaponesia_reordered.bim` の中身を見てみると，2列目の値が
すべて "." であることがわかる．この列には本来 SNP に固有の ID が記入され
ることになっている．ヒトなどのよく使われる生物の場合，GATK によるジェ
ノタイピングの際に自動的にこの列のデータが補完される．ヒトの既知 SNP に
は rs で始まる ID が割り振られており，公的データベースからアクセスが可能
である．既知 SNP ではない場合はこの列はドット (.) が割り当てられる．本
書で扱う *F. yaponesiae* の SNP はもちろんデータベースに登録されていない
ので，この列はすべてドットになっている．ここがドットのままでは都合が悪
い（用いるソフトウェアによってはエラーが起こる可能性がある）ので，awk コ
マンドを使って ID を「染色体番号_SNP の位置」のかたちになるようにフォー
マットし直しておこう[†]．

```
%awk `{print $1,$1"_"$4,$3,$4,$5,$6}` yaponesia.bim > yaponesia_id.bim
```

また，ADMXTIRE はそれぞれのマーカーが**連鎖不平衡**の状態になく独立し
ていることを仮定している．しかし，実際の SNP アレルは連鎖している可能性
があるので，あらかじめそのようなものを除いておくことが推奨されている[8]．
PLINK を用いて連鎖不平衡にあるマーカーを除くコマンドは次のようになる．
ここでは，先ほど変換した bim ファイルを用いるために，bed, bim, fam ファ
イルを個別に指定している．

[†] PLINK の機能を使って，上のコマンドに `--set-missing-var-ids @_#` と付け加えても同様
のことが可能である．

110 | 7 集団構造の可視化

```
%plink --bed yaponesia_reordered.bed --bim yaponesia_id.bim --fam
yaponesia_reordered.fam --indep-pairwise 50 5 0.5
```

--indep-pairwise オプションで指定するパラメータは 3 つある．この例で
の最初のパラメータである 50 は，50 個の SNP を含むウインドウを考えるとい
う意味であり，次のパラメータはウインドウを 5 SNP ごとスライドさせていく
という意味である．最後のパラメータは，2 つ SNP 間の相関係数の 2 乗 (R^2)
がこの値以上であった場合に，その片方を除くためのものである．この値を小
さくすると，より多くの SNP がデータから除かれる．上のコマンドを実行す
ると，結果が plink.prune.in と plink.prune.out として出力される．出力
には以下のような行があり，157,569 個の SNP が除かれたことがわかる．

```
Pruned 157569 variants from chromosome 1, leaving 201146.
Pruning complete. 157569 of 358715 variants removed.
```

データ準備の最後として，plink.prune.in に ID があるサイトだけ
を--extract オプションを用いて抽出する．

```
%plink --bed yaponesia_reordered.bed --bim yaponesia_id.bim --fam
yaponesia_reordered.fam --extract plink.prune.in --make-bed --out
yaponesia_prunned
```

ADMIXTURE を実行するコマンドは，以下のとおりである．

```
%admixture yaponesia_prunned.bed 2
```

実行すると，**Q** と **F** の行列が記載されたファイル (yaponesia_prunned.2.Q,
yaponesia_prunned.2.P) が出力される．

ADMIXTURE の実行は複数の K の値に対して行うことも多く，その場合に
はシェルスクリプト (bash) を利用すると便利である．また，オプションで交差
確認誤差を計算することができ，K の選択に役立てることができる（CV error
が小さい K を選ぶ）．ADMIXTURE.sh という名前で以下のテキストを保存する．

7.6 ゲノムデータを用いた集団構造の可視化 | 111

```
#ADMIXTURE.sh####
#!/usr/bin/bash
for K in 2 3 4 5;
do admixture --cv yaponesia_pruned.bed $K | tee log${K}.out; done
```

そして，コマンドラインに

```
%bash ADMIXTURE.sh
```

と入力すれば，Q ファイルと F ファイルの他に log*.out ファイルが出力される．ADMIXTURE.sh は/data/7/にある．CV エラーの値は，grep を用いて log*.out ファイルから "CV" を含む行を抜き出すことで得られる．

```
%grep -h CV log*.out
CV error (K=2): 0.29951
CV error (K=3): 0.23644
CV error (K=4): 0.20991
CV error (K=5): 0.18773
```

R を用いて，$K = 4$ のときの結果を表した図を描いてみよう（plot_admixture. R，/data/7/にある）．R を起動し，

```
### plot_admixture.R
tbl=read.table("yaponesia_pruned.4.Q")
png("k4.png", width = 600, height = 300)
barplot(t(as.matrix(tbl)), col=grey(seq(0,1,0.3)),
xlab="Individual #", ylab="Ancestry", border=NA)
dev.off()
```

とコマンドを打てば，**図 7.5** のような k4.png というファイルができあがる．この図は，$K = 4$ のときの，各個体における祖先集団からの寄与率 (q_{ik}) を示したものであり，集団 OS が，2 つの祖先集団の交雑によって形成された可能性を示している．

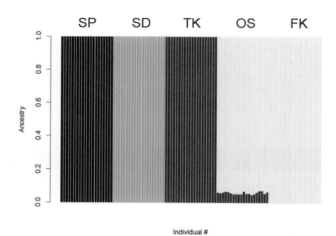

図 7.5　$K = 4$ のときの ADMIXTURE 解析の結果.

7.6.3　主成分分析

　ゲノムデータから主成分分析が行えるプログラムとして，EIGENSOFT や PLINK がある．ここでは，EIGENSOFT に実装されている smartpca を用いよう[13]．EIGENSOFT のインストールは Conda で行うことができる（ver7.2.1，付録 B 参照）．EIGENSOFT では EIGENSTRAT (GENO) フォーマットを使うので，まず convertf コマンドを用いて，BED フォーマットから変換する必要がある．まず，変換のためのパラメータファイル（par.PED.EIGENSTRAT，/data/7/ にある．）を用意する．ファイルの中身を以下に示す．

```
#par.PED.EIGENSTRAT######
genotypename:    yaponesia.bed
snpname:         yaponesia.bim
indivname:       yaponesia.fam
outputformat:    EIGENSTRAT
genotypeoutname: yaponesia.geno
snpoutname:      yaponesia.snp
indivoutname:    yaponesia.ind
familynames:     NO
```

　その後，次の convertf コマンドでファイルを変換する．

```
%convertf -p par.PED.EIGENSTRAT
```

EIGENSTRAT (GENO) フォーマットとして，yaponesia.geno，yaponesia.snp，yaponesia.ind の 3 つのファイルができたことを確認しよう．

　ここから，さらにいくつか準備が必要である．まず，ここで作られた ind ファイル (yaponesia.ind) には集団情報が入っていない（3 列目に???が入っている）．そこで，上から 10 個体ずつに区切って，SP, SD, TK, OS, FK の集団ラベルを 3 列目に加えて新たな ind ファイル (yaponesia.pop.ind) として保存する．次に，smartpca のためのパラメータファイル (par.smartpca) を準備する（これらのファイルは/data/7/にある）．

```
### par.smartpca
genotypename:    yaponesia.geno        #入力 geno ファイル
snpname:         yaponesia.snp         #入力 geno ファイル
indivname:       yaponesia.pop.ind     #入力 ind ファイル
evecoutname:     pca_yaponesia.evec    #出力 evec ファイル
evaloutname:     pca_yaponesia.eval    #出力 eval ファイル
numoutevec:      5                     #evec ファイルに書き出す主成分の数
```

後は，ログファイルを書き出しながら

```
%smartpca -p par.smartpca > pca_yaponesia.log
```

とコマンドを打てば，主成分分析が実行される．evec ファイルには個体空間における主成分ベクトルが記載され，eval ファイルには固有値が記載される．

　最後に R のスクリプトを用いて PC1 と PC2 の 2 次元プロットを描いてみよう．このスクリプト (plot_pca.R) は/data/7/にある．

```
### plot_pca.R
fn <- "pca_yaponesia.evec"
evec = read.table(fn, col.names=c("Sample", "PC1", "PC2", "PC3",
"PC4", "PC5", "Pop"))
png("PC1vsPC2.png", width = 600, height = 600)
plot(evec$PC1, evec$PC2, col=factor(evec$Pop), cex=1.8,
```

```
xlab="PC1", ylab="PC2")
legend("topleft", legend=levels(factor(evec$Pop)),
col=1:length(levels(factor(evec$Pop))), pch=20)
dev.off()
```

上記を実行すると，`PC1vsPC2.png` が生成される（図 7.6）．この図から，PC1 は集団 SP とそれ以外の集団を分ける軸であり，PC2 は，集団 TK, SD と集団 FK を分ける軸であることがわかる．例外もあるが，2 軸のプロットでは，このようにプロットの範囲が三角形をなすことが多い．さらに，集団 OS が集団 FK と集団 TK, SD の間にあることから，両者の交雑集団である可能性が示唆される．

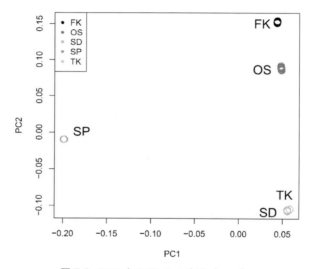

図 7.6　PC1 と PC2 の 2 次元プロット．

参考文献

[1] Nei, M. and W. H. Li, *Mathematical model for studying genetic variation in terms of restriction endonucleases.* Proceedings of the National Academy of Sciences of the United States of America, 1979. **76**(10): pp. 5269–5273.
[2] Nei, M., *Molecular Evolutionary Genetics.* 1987, Columbia University Press: New York.
[3] Sokal, R. R. and C. D. Michener, *A statistical method for evaluating systematic*

relationships. University of Kansas Scientific Bulletin, 1958. **28**: pp. 1409–1438.

[4] Saitou, N. and M. Nei, *The neighbor-joining method: a new method for reconstructing phylogenetic trees.* Molecular Biology and Evolution, 1987. **4**: pp. 406–425.

[5] Bryant, D. and V. Moulton, *Neighbor-Net: An agglomerative method for the construction of phylogenetic networks.* Molecular Biology and Evolution, 2004. **21**(2): pp. 255–265.

[6] Pritchard, J. K., M. Stephens, and P. Donnelly, *Inference of population structure using multilocus genotype data.* Genetics, 2000. **155**(2): pp. 945–959.

[7] Tang, H., et al., *Estimation of individual admixture: Analytical and study design considerations.* Genetic Epidemiology, 2005. **28**(4): pp. 289–301.

[8] Alexander, D. H., J. Novembre, and K. Lange, *Fast model-based estimation of ancestry in unrelated individuals.* Genome Research, 2009.

[9] Zheng, X., et al., *A high-performance computing toolset for relatedness and principal component analysis of SNP data.* Bioinformatics, 2012. **28**(24): pp. 3326–3328.

[10] Zheng, X., et al., *SeqArray—A storage-efficient high-performance data format for WGS variant calls.* Bioinformatics, 2017. **33**(15): pp. 2251–2257.

[11] Schliep, K.P., *phangorn: Phylogenetic analysis in R.* Bioinformatics, 2010. **27**(4): pp. 592–593.

[12] Huson, D. H. and D. Bryant. *Estimating phylogenetic trees and networks using SplitsTree 4.* 2004.

[13] Patterson, N., A. L. Price, and D. Reich, *Population structure and eigenanalysis.* PLoS Genetics., 2006. **2**(12): p. e190.

Chapter

8

集団サイズの推定

8.1 集団サイズとゲノム多様性

　ヒトを含むあらゆる生物は，遺伝的につながりのある同種の個体の集合である，集団を形成する．集団サイズとは，単純にはその集団に属する個体数のことであるが，その大きさを測るには工夫が必要である．ヒトの場合は社会活動の基盤として各国が人口調査（センサス調査）を行っており，わが国でも国勢調査で人口の調査が定期的に行われている．野生の生物の場合は全個体の所在を掴むことができないので，サンプリング（標本抽出）によって個体数を推定する．ヒトの場合も過去の人口は推定によってしか得られない．実際，考古学や歴史学では遺跡の数や古文書の記載から過去の人口の推定が行われている．集団のゲノム情報にも過去の人口に関する情報が含まれており，過去の人口を推定することができる．

　本章では，ゲノムの多様性を解析することによって集団サイズを推定する原理と手法について解説し，実際にプログラムを用いた推定の実際を紹介する．ゲノムには過去に関する情報も含まれているため，現在だけではなく過去の集団サイズの変動も知ることができ，たった1個体の全ゲノム情報から過去の集団サイズを推定する手法も存在する．

8.1.1 ゲノム多様性と集団サイズ

　ゲノムの多様性の解析は，野生生物の個体数調査と同様に，集団から一定のサンプルサイズのゲノム（遺伝子）をサンプリングして行う．最もシンプルな

遺伝的多様性を表す統計量に**ヘテロ接合度** (heterozygosity) H がある．ヘテロ接合度は集団から無作為に抽出したアレルが異なる確率である．集団サイズが過去から現在に至るまで一定 ($= N$) で，世代あたり u の突然変異が生じるとき，遺伝的浮動（世代あたり $1/(2N)$）と突然変異の間で平衡が期待され，次式の関係が成立する．

$$H = \frac{4Nu}{1 + 4Nu} \tag{8.1}$$

この式はゲノム情報から観測可能なヘテロ接合度 H と，直接は観測できない集団サイズ N が関連づけられることを示している（第 6 章参照）．ただし，この推定値は実際の個体数とは一致しないことがほとんどである．たとえば，過去の研究から 0.8〜1.0%というヒトのヘテロ接合度の推定値が得られている．突然変異率 u を 1 世代あたり 1 座位につき 4×10^{-6} として式 (8.1) に当てはめると，集団サイズ N はおよそ 5,000〜6,000 人となる．これは明らかに人類の人口に比べて小さい．このモデルではヒトの集団サイズが過去から現在にいたるまで一定であることが仮定されているが，人類集団は歴史的には農耕などによる食糧生産の増大とともに人口も増大しているため，この仮定は現実のヒト集団の歴史とは対応しない．このような場合には，後述するように，より現実的な仮定を導入することにより，実際の個体数に近い集団サイズの推定値が得られる．しかし，いずれにしても完全な集団遺伝モデルは存在せず，集団サイズは何らかの仮定のもとに推定を行う．このように，あるモデルのもとに推定された集団サイズのことを**有効集団サイズ** (effective population size) とよぶ．有効集団サイズは初期の集団遺伝学では特定の遺伝子座の多型解析の結果を解析する際のパラメータとして扱われ，個体数の推定にはほとんど用いられてこなかった．しかし，ゲノム解析技術の向上と，またコンピュータやアルゴリズムの発展により，現実的に近い集団遺伝モデルを用いた解析を行うことが可能になった．その結果，現実の個体数に近い集団サイズを推定できるようになったばかりか，過去の集団サイズの変動も推定できるようになった．

8.1.2 過去の集団サイズ

現在のゲノムデータからなぜ過去の集団サイズがわかるのだろうか．ここでは**合祖理論** (coalescent theory) を使って説明する．遺伝子は親から子へと伝わることを繰り返して現在の多様性を形作っている．合祖理論では遺伝子の伝達を現在から過去へと遡って考えるところから始める．ランダムに集団から選択した2つの遺伝子（アレル）は，過去に遡ると必ず1つの共通祖先の遺伝子にたどりつく．これを合祖 (coalescence) とよび，合祖するまでの世代数を合祖時間とよぶ．2つの遺伝子の合祖時間の期待値は $2N$ 世代で，N は現在の集団サイズである．また，集団からランダムに選択した n 個の遺伝子は，過去に遡るといずれかの1組の遺伝子が合祖する．n 個の遺伝子が合祖により $n-1$ 個の遺伝子になるまでの時間の期待値は

$$\frac{4N}{n(n-1)} \tag{8.2}$$

である．合祖時間の期待値は集団サイズ N の関数であり，集団サイズを関連づけられる．ここで合祖により $n-1$ 個になった遺伝子数は，さらに遡ると $n-2$ 個，$n-3$ 個と合祖により減少していき，最後は1つの共通祖先にたどりつく．この過程を模式的に表したのが**図 8.1** である．

ここで，合祖により $n-k$ 個の遺伝子になったときの集団サイズを N_k とすると，過去に k 回の集団サイズの変動が起こったことをモデル化することができる．このモデルを利用して過去の集団サイズの変動を推定する**ベイジアンスカイラインプロット** (Bayesian Skyline Plot, **BSP**) 法が提案されている [1]．BSP法はアラインメントされた遺伝子配列を入力に用いる．そして遺伝子系図（系統樹）をシミュレーションによって生成し，入力した遺伝子配列に適合した遺伝子系図と N_k などのパラメータを同時にサンプリングする．その結果得られた N_k の事後分布から過去の集団サイズを推定する．この方法は完全な遺伝子系図をサンプリングするので，配列がもつ情報を最大限に推定に利用できる．一方で，組換えを含む遺伝子系図（祖先組換えグラフ．Ancestral Recombination Graph, ARG）は効率的なサンプリングが難しいので，組換えのないゲノム領域にしか適用できない．そのため，この方法は組換えのないミトコンドリアや

8.1 集団サイズとゲノム多様性

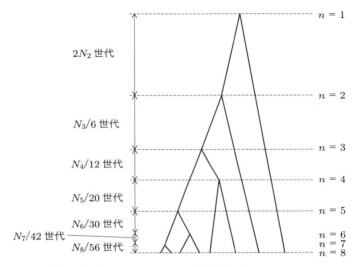

図 8.1 合祖時間の間隔の期待値と集団サイズの変化．

ウイルスのゲノム配列から集団サイズを推定するのに用いられることが多い．

BSP は組換えのある常染色体データを用いた解析ができない．組換えは染色体のあらゆるところで起こり，組換えが起こったところを境に遺伝子系図が変化するので，完全な ARG をサンプリングするのは実質的に不可能である．この制約を克服するために考案されたのが PSMC (Pairwise Sequential Markovian Coalescent) 法である[2]．この方法では 2 本の染色体の遺伝子型を入力とする．この場合，染色体上の領域のどこを見ても，過去に遡って起こる合祖は 1 回だけである．ただし，組換えの起こった点を境に遺伝子系図は変わるので，合祖時間は様々である．PSMC 法はこの点に着目し，染色体に沿って過去の組換えイベントをサンプリングし，組換え点の間に挟まれた領域の 2 つの配列（ハプロタイプ）の合祖時間（つまり集団サイズ）の分布を得る．その結果得られるのは過去の様々な時点の集団サイズであり，過去の集団サイズの変化を推定できる．この方法で入力に用いる 2 本の染色体は同一個体の相同染色体でかまわない．すなわち，NGS 解析で得られた 1 個体のゲノムデータさえあれば解析できる．そのため，非モデル生物やゲノム DNA が残っている絶滅した生物など，多数の個体を得ることが困難な生物の解析に応用可能である．ただし，この方

法は近い過去の集団サイズには向かない．なぜなら，ここまでで述べた方法で
は合祖時間の推定は突然変異の情報に頼っているが，突然変異率はとても低い
ので，近い過去になるほど合祖時間に関する情報を配列から得るのが難しくな
るためである．

　より若い時期の集団サイズの推定には，ハプロタイプの共有長を利用する方
法が提案されている．ハプロタイプとは1つの染色体上のアレルの並びのこと
である（第4章参照）．ヒトを含む二倍体生物は両親から1つずつ相同染色体を
受け継ぐので，ゲノムには両親から受け継いだハプロタイプが存在する．ただ
し，親の世代で配偶子（卵子と精子）が形成される際に相同染色体の間で組換え
が起こるため，子に受け継がれるのは親の親（子にとっての祖父母）のハプロ
タイプがモザイク状になったハプロタイプである．このように，ある個体がも
つハプロタイプは，その個体の多くの祖先のハプロタイプがモザイク状になっ
たものである．また，同一の集団内の個体は祖先を共有しているので，ハプロ
タイプは個体間でも共有されている．このような，祖先から派生した共有され
ている状態のことを identity by descent，または **IBD** とよぶ（5.1.2 項参照）．
IBD となっているハプロタイプ（IBD 領域）の数や長さの分布は，過去の集団
サイズの変化と関係する．前節で述べたように，共通祖先までの時間（合祖時
間）は集団サイズが大きいほど長くなる．IBD 領域は，共通祖先までの時間が
長くなるほど短くなる．親から子に伝わるハプロタイプは親の配偶子形成の際
の組換えによって，別のハプロタイプとのモザイク状になる．そのため，同じ
両親から生まれたきょうだいどうしのハプロタイプであっても，ゲノム全体の
50%しか IBD とならない．さらに次の世代になると IBD 領域は半減し，共通
祖先までの世代数が増えるたびに半減する性質をもつ．この考察はゲノム全体
の IBD 領域に関するものだが，ゲノム上のある位置を含む2つの染色体上の
共有する特定のハプロタイプ（IBD 領域）の長さも分布が知られている．2つ
のハプロタイプが，g 世代まで遡ったときに長さ l（センチモルガン，cM）の
IBD をもつ確率 $f(l; g)$ は，次式で表される[3]．

$$f(l; g) = \left(\frac{g}{50}\right)^2 le^{-(g/50)l} \tag{8.3}$$

　図 8.2 は，共通祖先までの時間 g と IBD 領域の長さ（ハプロタイプ共有長）

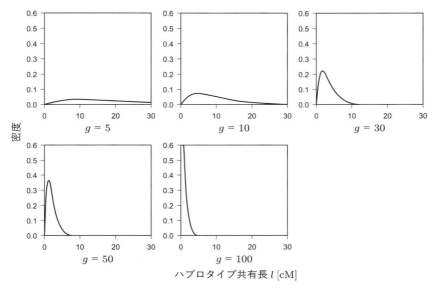

図 8.2 2つのハプロイドゲノム間におけるハプロタイプ共有長の分布.

の分布をプロットしたものである.

100世代前に共通祖先をもつIBD領域の長さは，最大5 cMまでの分布の広がりをもつ．ヒトゲノムでは5 cMがおおよそ500万塩基対 (5 Mbp) に相当する．また，1世代を28年と仮定すると，28年 × 100世代 = 約2,800年前のハプロタイプが，個人間で最大500万塩基対程度の長さで見つかりうることを示している．この長さのIBD領域の検出はNGSやSNPチップの解析で可能であり，IBD領域の解析は近年の集団の解析に適していることを示している．これを集団サイズの推定に応用した手法の1つにIBDNeがある[4]．IBDNeはまずNGS解析やSNPチップ解析で得られた遺伝子型データのフェージングを行う（第4章参照）．そして各個体の染色体を比較してIBDとなっている領域を探索し，検出したIBD領域の長さの分布から過去の集団サイズの推定を行う．この方法は近年の集団サイズの変動をすることが可能である．数世代前といったごく近年の集団サイズの推定を行えるので，歴史学の資料や近代になって行われた国勢調査といった人口に関する資料との比較も可能である．英国の集団を対象とした研究では，IBDNeで推定される現在の集団サイズは，国勢調査で

推定された人口（センサス）の半分程度ときわめて近い値を推定できることが報告されている.

8.2　集団サイズの推定

ここでは，PSMC ソフトウェアを用いて，*F. yaponesiae* の過去の集団サイズの推定を試みる.　結果の描画に用いる gnuplot と PSMC は Conda を用いてインストールできる.　インストール方法については付録 B を参照されたい. PSMC は付属するソフトウェアを含む複数のプログラムファイルで構成される.　以下のコマンド例では，すべての実行ファイルはカレントディレクトリにあるものとしている.　ソースコードから PSMC をインストールした場合には，実行ファイルへのパスを適宜変更してほしい.

ここでは FK 集団の個体 1 個体 (FK01) を選び使用する.　参照ゲノム配列 (yaponesia_reference.fasta) はこれまでの解析で用いたものであり /data/3/ に，bam ファイル (FK01.bam) は /data/8/ にある.

次のコマンドで入力ファイルの生成を行う.

```
%bcftools mpileup -Ou -f yaponesia_reference.fasta FK01.cram | bcftools
call -c - | vcfutils.pl vcf2fq -d 10 -D 100 | gzip -c > FK01.fq.gz
```

このコマンドの例では，1) bcftools を用いて bam ファイルを mpileup という形式に変換する（インストールについては付録 B を参照），2) 同じく bcftools を用いて変異をコールする，3) vcfutils.pl というプログラムで mpileup 形式のファイルからコンセンサス配列の fastq ファイルを作成する，4) gzip コマンドで fastq ファイルを圧縮する，という 4 つのプロセスを，パイプ (|) で連結することにより同時に行っている.　エラーが出る場合は，それぞれのプロセスを順番に実行してみて，どこに問題があるかを同定していくとよい.　ここで特に指定しているパラメータは，vcfutils.pl で指定する d (-d) と D (-D) で，最低および最大カバレッジにそれぞれ対応している.　d は平均カバレッジの 1/3 程度，D は平均カバレッジの 2 倍程度の値が推奨されている.　カバレッジが高いサイトをフィルタリングするのは，ゲノム重複などによるジェノタイ

ピングエラーを防ぐためである.

その後さらに，PSMC に付属している fq2psmcfa というプログラムを用いて特殊な形式の配列ファイルに変換する．この配列ファイルは，デフォルトでは，100 bp に 2 つのハプロタイプ間に変異があるかないかだけの情報を取り出したファイルとなる.

```
%fq2psmcfa FK01.fq.gz > FK01.psmcfa
```

その後，PSMC を実行する．パラメータ t (-t) で最大となる世代数（単位は $2N_0$，基準となる平均的な有効集団サイズ）を指定し，パラメータ p (-p) で有効集団サイズを推定する区間を指定する.

```
%psmc -t10 -p "10+5*3+4" -o FK01.psmc FK01.psmcfa
```

ここで用いている -p "10+5*3+4"は，全体の時間を 29 等分し，最初の 10 区間について 1 つの有効集団サイズパラメータを推定，その後 3 区間ずつ 5 つの有効集団サイズパラメータを推定，最後に 4 区間について 1 つの有効集団サイズパラメータを推定する，ということを表している．PSMC の手法的な問題により，最近と古い時代の有効集団サイズの推定は難しいため，この例のように区間を広めに設定するとよい.

区間の設定は難しい問題で，ある程度試行錯誤する必要があるかもしれない．出力ファイル FK01.psmc には色々と細かい結果が書き込まれている．最後のブロックの RS 行の 5 列目には，その区間で何回組換えが起こったかというパラメータの推定値が記されている．この回数がそれぞれの区間で 10 以上であることが，信頼のおける推定が行われたことの目安として推奨されている．今回の結果では，最後の区間でこの値が 10 を下回っているので，古い時代の有効集団サイズはうまく推定できていない可能性があることに注意しよう．実行コマンドは次のようになる．ただし，組換えの回数が多かったとしても，最近の有効集団サイズの推定はうまくいかないことが多いので注意しよう.

```
%psmc_plot.pl -u 2.0e-07 -g 1 -x 100 FK01 FK01.psmc
```

ここでは，突然変異率 (-u 2.0e-08) に揃え，横軸を世代で出力するために世代時間を 1 年 (-g 1)，プロットする最小世代数を 100 世代 (-x 100)，最大世代を 3,000 世代 (-X 3000) にして出力する．

すると，有効集団サイズの時間変動がファイル FK01.eps に出力される（図 8.3）．このファイルは macOS ではプレビュー.app で開くことができる．Windows を利用している場合は，適宜ソフトウェアをインストールする必要がある．有名なフリーソフトウェアには GIMP[5] がある．

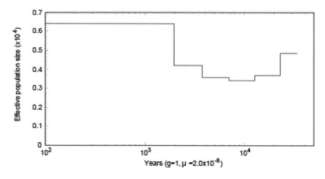

図 8.3　PSMC の実行結果のプロット．10,000 年前くらいから集団サイズが急激に増えたことがわかる．

推定値の誤差を得る方法として，ゲノムを細かい領域に分け，ブートストラップ法を用いる方法が提案されている．詳しくは PSMC のドキュメント (https://github.com/lh3/psmc/blob/master/README) を参照してほしい．

この例では突然変異率と世代時間は既知であるとしたが，非モデル生物の解析において一番問題となるのは，これらのもっともらしい値を知ることだろう．特に，野生生物の世代時間は，一年生の植物などを除き，推定が非常に難しい．たとえば，世代時間を 1 年と仮定するか，半年と仮定するかによって，集団サイズの変化した時間の推定値は 2 倍の差が出てくる．この問題を解決する近道はないが，常にこういった要素が推定値に影響を与えるだろうということは理解しておく必要がある．突然変異率と世代時間の問題については第 12 章でも

あらためて議論する.

参考文献

[1] Drummond, A. J., et al., *Bayesian coalescent inference of past population dynamics from molecular sequences.* Molecular Biology and Evolution, 2005. **22**(5): pp. 1185–1192.

[2] Li, H. and R. Durbin, *Inference of human population history from individual whole-genome sequences.* Nature, 2011. **475**(7357): pp. 493–496.

[3] Palamara, Pier F., et al., *Leveraging distant relatedness to quantify human mutation and gene-conversion rates.* American Journal of Human Genetics, 2015. **97**(6): pp. 775–789.

[4] Browning, Sharon R. and Brian L. Browning, *Accurate non-parametric estimation of recent effective population size from segments of identity by descent.* American Journal of Human Genetics, 2015. **97**(3): pp. 404–418.

[5] GIMP. Available from: https://www.gimp.org/downloads/

Chapter 9

集団の分岐・混合

9.1 集団とは

　多様性の解析には頻繁に「集団」という言葉が出てくる（集団とその大きさについては第8章で詳しく触れた）．この「集団」という言葉はいったい何を指すのだろうか．生態学においては，実際にある地域で生息する個体の集まりという意味で，個体群という用語が存在する．しかし，ここで扱う集団とは，個体群のように具体的なものを指すのではなく，遺伝的に均一とみなせる（近似することのできる）個体の集まりのことを意味している．したがって，個体群と違って（遺伝的）集団は厳密な意味ではこの世に存在しないし，ある程度主観的に決まることが多い．たとえば，人類は大きくアフリカ，アジア，ヨーロッパ系の集団に分類することができる．この例では，各集団内の遺伝的不均一性は無視して各集団を取り扱っているといえる．しかし，アジア系集団の中にもさらに下位の集団構造は存在し，日本人集団，中国人集団，韓国人集団などに細分することができる．さらに，日本人集団の中にも，ヤマト（本土）集団，オキナワ集団，アイヌ集団などが存在するし，ヤマト集団を東北集団や九州集団などさらに細分化することも可能だろう．より下位の集団のことを**分集団** (subpopulation) と表現することもある．生物種を考えた場合，最も上位として考えられる集団は**亜種** (subspecies) ともよばれる．

　これらの集団の間の歴史的なつながりを推定することが，ゲノム多様性解析の大きな目的の1つとなっている．現実世界の個体群を考えた場合，集団というものは，分裂，移住，融合，絶滅などの過程を経ながら常に変化している．し

かし，現実に起こっているこれらの過程は，そのまま我々が理解するには少し複雑すぎる．したがって，多くの場合，集団間の関係性を樹形図として表すなどの抽象化が必要である[1]．しかし，あまりにも集団の関係性を単純化しすぎてしまうと，集団の融合や大規模な交雑などの大きな変化を見逃すことになり，現実にそぐわない結果が出てきてしまうことには注意しなければならないだろう．したがって，本章で説明するような手法による解析を行う前に，第8章などで紹介したPCAや第7章のADMIXTUREによる解析などの探索的な手法を用いて，どのような集団構造が観察されるか，どのサンプルが遺伝的に近いか，などの情報を得ておくことが重要である．

歴史推定のためには様々な原理に基づいた様々な手法が用いられている．本章で扱う重要な変数は，集団における変異の頻度である．ゲノム配列解析にお

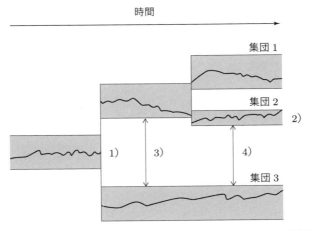

図 9.1 遺伝的浮動と集団の分化に関する概念図．祖先集団が3つの分集団に時間とともに分岐していく過程を表している．細かく上下する線は進化的に中立なSNPのアレル頻度の変化を表している．分岐の過程では以下のことが予想される．1) 集団が分岐すると，それぞれの集団で独立に遺伝的浮動によるアレル頻度の変化が起こり，集団間の頻度のばらつきは時間とともに大きくなる．2) 小集団やボトルネックを受けた集団では，頻度の変化が急減に起こる．3) 集団間の移住は頻度変化の違いを打ち消す方向にはたらく．4) 特定の集団間でのみ移住が起こると，その集団間でのアレル頻度だけが近い値になる．数多くのSNPのアレル頻度を調べて集団間で比較することにより，集団の歴史に関する様々なことが明らかになる．

いては，主に SNP のみを取り扱う．集団中の変異の頻度は時間とともに遺伝的浮動によって変化するので，より最近に分かれた集団間のアレル頻度はより似ているだろうという前提（**図 9.1**）のもとに，多くの解析手法が構築されている．多くの集団におけるアレル頻度を比較して，その歴史を探るという試みを進めた中心人物が Luca Cavalli-Sforza である[2]．残念ながら彼が研究を進めていた時代には，ゲノムレベルでアレル頻度の集団間の違いを知ることができなかったが，現在では，**SNP チップ**や WGS により，大量のゲノムワイドなアレル頻度データを得ることが可能になっている．

注意しておかなければいけないことは，集団間でアレル頻度の比較を行う手法の前提となっているのは，祖先集団でそのサイトが多型的であったということである．しかし，祖先集団であるサイトが多型的であったかどうかは，古代ゲノムの解析を除いては一般的に観察が不可能である．特に SNP チップを用いたヒト集団の解析においては，**ネアンデルタール人**と**デニソワ人**で多型的であったサイトだけを解析に用いていることによって，解析するサイトの偏りを少なくする方法が提案されている[3,4]．

9.2　アレル頻度の時間による変化

集団間のアレル頻度を比較することによって，集団間の遺伝的分化の度合いや，集団間で移住や混合が起こったかどうかを知ることが可能である．本節では，アレル頻度を用いた集団分化の指標について解説を行う．

9.2.1　F_{ST}

集団間の遺伝子頻度の違いを表す統計量として，歴史的にもっとも利用されている統計量が F_{ST} である．F_{ST} は，集団間のアレル頻度の違いをもとに計算され，0 から 1 の範囲をとる．$F_{ST} = 0$ は集団間の遺伝子頻度に違いがないことを表し，$F_{ST} = 1$ はそれぞれの集団で別のアレルが固定していることを表す．F_{ST} の最もよく使われる定義は近交係数 (inbreeding coefficient) をもとにした Wright によるもので，集団間のアレル頻度の分散を $Var(p)$，母集団でのアレ

ル頻度の平均値を $\bar{p}$ とすると，次の式で表される．

$$F_{\mathrm{ST}} = \frac{\mathrm{Var}(p)}{\bar{p}(1-\bar{p})} \tag{9.1}$$

F_{ST} は 1 つの SNP ごとにその値を計算することが可能である．PLINK や VCFtools では，Weir と Cockerham の方法[5] を用いてサイト単位での F_{ST} が計算される．Weir と Cockerham の計算法では，集団間でのサンプルサイズ が偏っている場合に負の F_{ST} 値が推定されてしまうこともあることに注意し よう．ゲノムレベルでの F_{ST} を計算する場合は，集団からのサンプルサイズが 違ったときにどう扱うか，どのように複数のサイトの F_{ST} の平均値を計算する か，近親交配の影響を補正するかなど，様々な考え方がある．そもそも F_{ST} を どのようなものとしてとらえるかにもいくつかの考え方があり，奥が深いが同 時に混乱をもたらすものとなっている[6]．Bhatia らは，EIGENSOFT でも利 用されている，集団ごとのサンプルサイズの偏りを考えない Hudson らの方法 を用いることを推奨している[7]．他にも，PLINK のバージョン 2 や Python のライブラリ，scikit-allel を用いても，Hudson らの方法で F_{ST} を計算するこ とが可能である．多くのソフトウェアで F_{ST} を計算することができるが，どの 方法で計算したかについては常に意識し，論文などにおいてはきちんと手法に ついて記述するほうがよいだろう．

9.2.2　Patterson の f 統計量

集団間および個体間の遺伝的な距離を測る統計量として，Patterson らは F_{ST} 以外の様々な種類の f 統計量（f_2, f_3, f_4）を提案した[4]．f_2 統計量が基本とな る統計量で，f_3, f_4 統計量は f_2 統計量の組み合わせで表現することが可能であ る．2 つの集団 X，Y におけるサイトのアレル頻度をそれぞれ x, y とすると， 集団 X，Y 間の f_2 統計量は次式で定義される．

$$f_2(\mathrm{X}, \mathrm{Y}) = E[(x-y)^2] \tag{9.2}$$

E は期待値（多数の SNP サイトでの平均値）を表す．アレル頻度の差を 2 乗 したものであるので，F_{ST} と同様，0 から 1 の間の値をとる．変異の頻度はラ

ンダムに上下するので，2つの集団が分かれて十分な時間がたった後は，$x-y$ の期待値は0であることに注意しよう．観察された頻度から f_2 の不偏推定量を求めるには，単純に平均値を計算するのではなく，サンプルサイズに従った補正をかけなければいけないが，通常は Admixtools や smartpca などの既存のツールを使って計算するので，それほど気にしなくてよいだろう[4, 8]．$f_2, f_3,$ f_4 統計量すべてにおいていえることだが，**メジャーアレル**，**マイナーアレル**のどちらのアレル頻度をとっても最終的な計算結果は変わらないことに注意しよう．また，集団 X, Y をどのように選んでも結果は同じである．

次に，f_3 統計量について見ていこう．まず，集団の混合を仮定しないアウトグループ f_3 統計量というものを考える．3つの集団 W, X, Y におけるサイトのアレル頻度をそれぞれ w, x, y とすると，f_3 は次の式で定義される．セミコロンで区切られた集団 W が外群（アウトグループ）を表す．

$$f_3(\mathrm{X}, \mathrm{Y}; \mathrm{W}) = E[(w-x)(w-y)] \tag{9.3}$$

図 9.2 に示すように，集団 W が X と Y に対して外群となる場合の f_3 統計量をアウトグループ f_3 統計量とよぶ．式 (9.3) では集団 X, Y でのアレル頻度を集団 W でのアレル頻度から引いたものを掛け合わせている．そこで，図において，集団 W から X への経路（経路 W → X），集団 W から Y への経路（経路 W → Y）を考えてみよう．アレル頻度の変化を考える場合，時間を逆に考

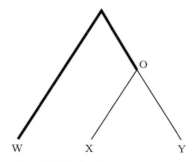

図 9.2 アウトグループ f_3 統計量．経路 W → X，経路 W → Y を考えると，節 W から節 O の間にアレル頻度が変化した量が f_3 統計量として算出される．集団 W と X を固定し，Y を様々な集団に置き換えて f_3 統計量を計算することにより，集団 X に遺伝的に最も近い集団を知ることができる．

えても結果は一緒なので，この経路に沿ってアレル頻度が遺伝的浮動によって変化すると考える．図のグラフの経路 W → X と W → Y は，経路 W → O の部分を共有している（太線部分）．したがって，経路 W → O で変異のアレル頻度が増加した場合と減少した場合のどちらでも，f_3 統計量は正の方向に増加する．経路 O → X，および経路 O → Y にかけてのアレル頻度の変化はそれぞれ独立に起こるので，2 つの経路におけるアレル頻度の差の期待値は 0 になる．したがって，f_3 統計量が大きいということは経路 W → O で起こった遺伝的浮動が大きいということになる．別の言葉でいうと，集団 X と Y は多くの浮動を共有している（shared drift，浮動の共有が多い）ということができる．アウトグループ f_3 統計量の一般的な利用方法として，集団 X に遺伝的に一番近い集団を見つけるために，集団 X および W を固定し，集団 Y を様々な集団 Y_i $(i = 1, 2, \ldots, n)$ に入れ替えて f_3 を計算するというものがある．この場合，f_3 統計量の値は集団 Y_i の集団サイズなどからは大きな影響を受けないと仮定できるので，最も大きな f_3 統計量を示す集団 Y_i が X にもっとも遺伝的に近いと解釈することができる．

9.3　集団の混合

　Patterson の f 統計量は，集団の混合について調べることにも用いることができる．2 つの集団が 1 つになる混合 (admixture) または交雑 (hybridization) 過程は，2 つに分かれる分岐過程ほど頻繁には見られないが，実際の生物集団間で十分に起こりうる現象である．ここで考える混合過程は，あるときに 2 つの集団がそれぞれある割合で混ざり合って 1 つの集団になることである．もちろん，実際の混合過程はこれほど単純ではなく，時間をかけて集団間での移住が続いたのちに 2 つが混ざり合っていくといった，より複雑な過程も十分に考えることができる．しかし，どのように混合したかについては考えず，少しでも混合があったのかどうかを知ることに対しては，f 統計量を調べることが威力を発揮する．

9.3.1　f 統計量を用いた集団の混合検出

集団 W が集団 X と Y の混合によって成立したと仮定しよう（図 9.3）。このときに f_3 統計量を計算してみる。アウトグループ f_3 統計量の例と同様，時間の流れは無視してアレル頻度の変化を考える。経路 W → X を図 (a)，経路 W → Y を図 (b) に示した。集団 W が X と Y の混合からなっている場合，集団 W から他の 2 集団への経路は，それぞれ破線で示した計 4 通りが考えられる。f_3 統計量はこれらの経路を重ね合わせて，経路で起こったアレル頻度の変化量を掛け合わせたものである。図 (a) と図 (b) を重ね合わせてみると，経路 W → W′ が左右で同じ方向に重なっており，経路 X′ → O → Y′ の経路が逆向きに重なっていることがわかる。f_3 統計量は経路が同じ向きで重なると正の方向に，逆向きで重なると負の方向に変化する。したがって，集団 W が集団 X と Y の混合によって形成されたとき（そして混合によって形成されたときのみ）負の値をとる。ただし，経路 W → W′ が長いとき，つまり，混合が起こってから十分な時間が経ってしまったときは，必ずしも負の値をとるとは限らない。また，これまで説明したとおり，f_3 統計量はアレルが祖先集団 O の段階で多型的であることを前提としている。

次に，f_3 統計量より混合の検出力の高い f_4 統計量について考えてみよう。f_4

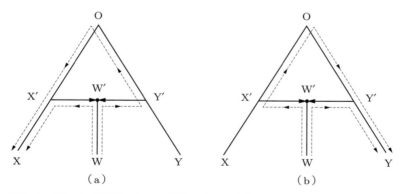

図 9.3　集団 W が集団 X と Y の混合によって成立したと仮定したときの f_3 統計量の計算．(a) 経路 W → X で考えられる 2 つの経路．(b) 経路 W → Y で考えられる 2 つの経路．

統計量は元々 Patterson の D 統計量†として提案され，ネアンデルタール人と現生人類の祖先との間の交雑を検定するために使われた手法であるが，その後，f_3 統計量などと同じ枠組みで解析に用いることができるように提案された統計量である．計算される値は異なっているが，本質的には同じものを見ていると考えてよい．

f_4 統計量は，4 つの集団におけるアレル頻度を用いて計算される．図 9.4(a) の例では，集団 W, X, Y, Z が 4 つの集団に相当する．この系統関係は無根系統樹として表されているので，祖先集団が節 O の位置にあってもよいし，節 O' の位置にあってもよい．後者の場合，集団 W は残り 3 集団に対する外群となる．往々にして外群 W における遺伝子多型データは得られていないことが多いが，この場合でも f_4 統計量は計算することが可能である．極端な例では，各々の集団から染色体 1 本（ハプロイドゲノム）だけの情報を用いて，集団内でのアレル頻度を推定することも可能である．集団 W, X, Y, Z におけるアレル頻度をそれぞれ w, x, y, z とすると，f_4 統計量は次の式で定義される．

$$f_4(\text{W}, \text{X}; \text{Y}, \text{Z}) = E[(w - x)(y - z)] \tag{9.4}$$

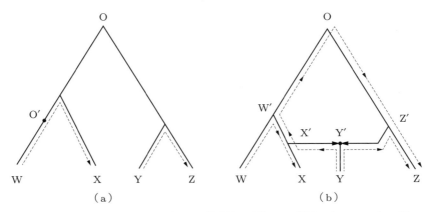

図 9.4 集団 X, Y, Z, W に関する f_4 統計量の計算．(a) 集団 X と W, Y と Z 以外の集団間に遺伝子流動がない場合，(b) 集団 Y が X と Z の混合で作られた，もしくは集団 X と Y の間で遺伝子流入があった場合．

---

† D 統計量を用いた混合の検定は ABBA テストとよばれる．

134 | 9 集団の分岐・混合

f_3 統計量の計算で考えた方法と同じ方法で f_4 統計量について考えてみよう. 図 (a) では，経路 W → X，経路 Y → Z におけるアレル頻度の変化はそれぞれ独立しているので，アレル頻度の変化に相関は見られない．したがって，f_4 統計量の期待値は 0 になる．f_4 統計量が有意に 0 と異なっているかという統計検定は，ツリーネス（treeness，二分木であること）の検定ともよばれる.

次に，図 (b) に示すように，集団 Y が集団 X と Z の混合によって作られた場合を考えてみよう（または，集団 X から Y へ遺伝子流入があったと考えてもよい）．この場合，経路 Y → Z は経路 Y → Y′ → X′ → W′ → O → Z′ → Z と，経路 Y → Y′ → Z′ → Z の 2 つの経路が考えられる（図 (b)）．X 系統に由来するゲノム領域は前者の，Y 系統に由来するゲノム領域は後者の経路をとると考える．注意深く図を見てみると，X′ と W′ の間で経路の方向を示す矢印が逆向きになっていることがわかる．たとえば，経路 X′ → W′ でアレル頻度が上昇した変異は，逆向きの経路 X′ → W′ ではアレル頻度が下降している．したがって，この場合 f_4 統計量の期待値は負になる．同じように考えると，集団 Z が X と Y の混合から成り立っている場合には，f_4 統計量の期待値は正になることがわかる．実際の検定においては，各サイトにおいて計算された f_4 統計量を足し合わせて，平均または合計をとることが必要である．f_4 統計量の計算に最もよく使われている AdmixTools というソフトウェアでは，ゲノムをいくつかの連鎖したブロックに分けてリサンプリングを行うブロックジャックナイフ法を用いて[9]，得られた統計量がゲノムレベルでどれだけのばらつきをもっているかを推定し，Z スコアという値を算出する．Z スコアが標準正規分布に当てはまると仮定し，推定された平均値が有意に 0 から逸脱しているかの検定が行われる．このとき，Z スコアが有意に正であれば W と Y の間または X と Z の間，Z スコアが負であれば W と Z の間または X と Y の間に遺伝子流動があったという解釈ができる．また，W に交雑がないと考えられる外群を置くことによって，X と Y の間，または X と Z の間に遺伝子流動があったのかを推定することが可能である.

9.3.2 集団の関係をグラフで表す

　集団の関係性を表す手法には，集団間の遺伝子流入を仮定するかしないかによって様々なものが考えられる．集団間に遺伝子流入がないと仮定できる場合には，集団間の関係は一般的な木構造で表すことが可能である．この場合，遺伝子流入があるかないかについては，f_4 統計量を用いて検証を行うことが可能である．

　近隣結合法等を利用したクラスタリングの方法については，第7章ですでに解析例を紹介している．この場合，OTU を個体とするか，集団とするかで異なった解析が行われる．OTU が個体の場合には，第7章で示したように，個体間のゲノム配列間の距離を計算し，それをもとに樹形図を作成することができる（7.2.3項）．OTU が集団の場合には，それぞれの集団におけるアレル頻度を用いて F_{ST} や f_2 統計量により集団間の距離を計算し，集団の関係を表す樹形図を作成することができる．遺伝子流入などの前提の少ないグラフ作成方法として NeighborNet 法などを用いた近隣ネットワークグラフも利用することができる（7.2.4項）．

　集団間の遺伝子流入や混合をより明示的に取り入れて集団の関係を考えるためのソフトウェアとして，TreeMix[10]，MixMapper[11]，qpGraph[5] などが知られている．この場合，集団間の遺伝子交流や交雑イベントが**移住辺** (migration edge) とよばれるグラフの辺として表現されることとなる．図 9.3(b) の例では，辺 W'Y' および辺 Z'Y' が移住辺となっている．注意しなければいけないのは，樹形図のどこに移住辺を加えるかということには多くの選択肢があり，膨大な数のグラフについて考える必要が出てくるということである．TreeMix や MixMapper は上に挙げた3つのソフトウェアの中で最も解析が自動化されたソフトウェアであるが，それでも，いくつの移住辺を仮定するかなどについては，ユーザーがデータの当てはまりを見ながら選択する必要がある†．qpGraph は最もユーザーがもつ前提知識に頼らなければならないソフトウェアで，想定されるグラフ構造をあらかじめ決め打ちで与えなければならない．与えられた

---

† ある基準をもとに自動的に最適な移住辺の数を推定してくれるソフトウェアも存在するので，利用してもよいだろう[13]．

モデルに対して，当てはまりのよさ，枝の長さ，集団の混合比率などが計算されることとなる．

9.4 アレル頻度を用いた多集団解析

本節では，集団の変異データから集団の関係を推定する手法について実践する．

9.4.1 F_{ST} の計算

(1) SNP レベルでの F_{ST} の計算

まずは，SNP レベルでの F_{ST} の計算を行ってみよう．第 6 章ですでにインストール済みの VCFtools を用いて，vcf ファイルから SNP レベルでの F_{ST} を計算することができる．VCFtools が計算する F_{ST} は Weir と Cockerham の方法によるものである[5]．ここでは，集団 OS と集団 KS との間の F_{ST} を計算することにする．VCF ファイルには個体名だけが記されており，それぞれの個体がどの集団に属するかという情報はない．したがって，個体と集団を結び付けるファイルを準備する必要がある．そのために，OS_list.txt というテキストファイルを作成して，1 行に 1 つの個体名を記していく．ファイルはデータディレクトリ (/data/9/) にあるものを利用してもよい．リストの効率的な作り方は 6.3.1 項で示した．OS_list.txt の内容は次のとおりになる．

これらのファイル名が vcf ファイルのサンプル名と対応していることを確認しよう．同様に KS_list.txt というテキストファイルも作成し，この 2 つのファイルを用いて F_{ST} を計算する．vcf ファイル (yaponesia.vcf.gz) は /data/9/ にある．

```
%vcftools --gzvcf yaponesia.vcf.gz --weir-fst-pop FK_list.txt --weir-fst-
pop OS_list.txt
```

　結果は，デフォルトでは out.weir.fst という名前でテキストファイルとし
て出力される．結果は 3 列で示され，左から，染色体番号，サイトの座標，F_{ST}
の順に並んでいる．"-nan"と書かれている場合，与えられた 2 集団間に変異
が存在していなかったために F_{ST} が計算できなかったことを表している．

```
CHROM    POS      WEIR_AND_COCKERHAM_FST
chr1     4656     -0.0041841
chr1     4691     -nan
chr1     4757     0.0098289
chr1     4840     -nan
...
```

　また，VCFtools では，ある大きさのウインドウを設定し，その中での F_{ST}
平均値を計算することも可能で，このような手法は自然選択の検出にも有用で
ある．自然選択の検出については第 10 章で詳しく扱う．

(2)　ゲノムレベルでの F_{ST} の計算

　ゲノムレベルでの F_{ST} を計算する手法はいくつかあるが，PCA を行うとき
に用いた smartpca を用いて計算することが可能である．smartpca の利用法に
ついては 7.6.3 項ですでに示した．phylipoutname: {ファイル名}という行を
設定ファイル (par.smartpca) に加えることにより，PHYLIP フォーマットの
集団間の F_{ST} の行列を得ることができる．また，smartpca の設定ファイルに
fstonly: YES という行を付け加えることにより，他の計算を行わずに F_{ST} だ
けを標準出力に得ることができる．7.6.3 項で利用した par.smartpca に以下
の 2 行を付け足し，par.smartpca_fst として保存する（/data/9/にある）．

```
fstonly:         YES
phylipoutname:   fst.txt
```

138 9 集団の分岐・混合

第7章と同様に次のコマンドで PCA を実行する.

```
%smartpca -p par.smartpca_fst > pca_fst.log
```

出力ファイル (pca_fst.log) に,集団間の F_{ST} が行列形式で書かれている.
これらの値を2集団間の F_{ST} を集団間の遺伝的距離とみなして,近隣結合法
などによる樹形図やネットワーク図を作成することができる.第7章では個体
のゲノム間の遺伝距離をもちいて樹形図やネットワーク図を作成したが,集団
間の F_{ST} を距離として用いる場合は,集団が OTU となる.ただし,各集団か
ら1個体を取り出して F_{ST} などによる遺伝距離を計算した場合の樹形図は,個
体の樹形図とも,個体が所属する集団の樹形図とも考えることができる.なぜ
なら,1個体のゲノムの遺伝子型情報は,その個体が属する集団から2本の染
色体をサンプリングしてアレル頻度を推定したものに他ならないからである.
PHYLIP フォーマットで出力されたファイル (fst.txt) は,第7章で使った
R の phangorn パッケージで解析することも可能である.R で以下のスクリプ
トを入力しよう (phangorn パッケージはすでにインストールされているものと
する.スクリプトは/data/9/plot_fst_tree.R).結果は fst_tree.png と
いうファイルに描画される.

```
### plot_fst_tree.R
library("phangorn")
dist <- readDist("fst.txt", "phylip")
tree <- NJ(dist)
png("fst_tree.png", width=600, height=600)
plot(tree, type="unrooted")
dev.off()
```

出力結果は**図 9.5** のようになる.それぞれの集団が OTU となる樹形図が出
力される.

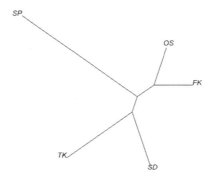

図 9.5 5つの集団間の距離を F_{ST} で表して作成された樹形図.

9.4.2 f_3, f_4 統計量の計算

続けて，f_3 統計量と f_4 統計量を計算して集団間の関係性を見ていくことにしよう．2つの統計量は，Admixtools ソフトウェアの qp3Pop, qpDstat というプログラムを用いてそれぞれ計算することができる．Admixtools のインストールは Conda を用いて行うことができる（付録 B 参照）．なお，ここで用いるバージョンは 7.0.2 である．

入力ファイルには第7章でPCAプロットの作成過程に用いたEIGENSTRATフォーマットのファイルを用いることができる．まず，qp3Pop を用いてアウトグループ f_3 統計量を計算し，TK 集団にもっとも近縁な（最も多くの遺伝的浮動を共有している）集団を探してみる．外群としては SP 集団を用いる．qp3Pop を動かすには，設定ファイル（ここでは `parqp3Pop.txt`）が必要である．設定ファイルの中身は次のように記述する．

```
### parqp3Pop.txt
indivname:     yaponesia.pop.ind
snpname:       yaponesia.snp
genotypename:  yaponesia.geno
popfilename:   list_qp3Pop_outgroup.txt
```

この設定ファイルはさらにもう1つのファイル `list_qp3Pop_outgroup.txt` を参照している．そのため，f_3 統計量を計算したい集団の組み合わせを1行に

140 9 集団の分岐・混合

1つずつ記し，`list_qp3Pop_outgroup.txt` として保存する．アウトグループ f_3 統計量の場合，図 9.2 における，X, Y, W の順に集団を記していく．`list_qp3Pop_outgroup.txt` の内容は，次のようにして保存しよう（`/data/9/`にもある）．

```
TK      SD      SP
TK      OS      SP
TK      FK      SP
```

ここでは，TK 集団が SD, OS, FK 集団のうちどれに近いかを評価する．`/data/9/`にはコマンド実行に必要なファイル（`yaponesia.geno`, `yaponesia.snp`, `yaponesia.pop.ind`, `parqp3Pop.txt`, `list_qp3Pop_outgroup.txt`）が用意されている．次のコマンドで qp3Pop を実行する．

```
%qp3Pop -p parqp3Pop.txt >yaponesia_qp3Pop_outgroup.txt
```

結果は `yaponesia_qp3Pop_outgroup.txt` に記録される．デフォルトでは結果はスクリーンに出力されるため，保存したい場合は，上記のようにリダイレクト（"`>`" を用いて結果をファイルに出力）する必要がある．得られた結果を見ると（`f_3` 列），f_3 統計量は，上からおよそ 5.659, 4.952, 4.672 となる．したがって，TK 集団と遺伝的に最も近縁な集団は SD 集団ということがわかる．結果の `std.err` 列の 1 行目に示される標準誤差はおよそ 0.0590 なので，SD 集団と OS 集団との差は統計的に有為な差であるといえる[†]．

次に，TK 集団が SD 集団と OS 集団の混合であるかどうか，f_3 統計量を用いて調べてみよう．上記で作成した `list_qp3Pop_outgroup.txt` と同様に，`list_qpPop3_admix.txt` という名前で次のようなファイルを作成しておく（このファイルは `/data/9/` にある）．

[†] f_3, f_4 統計量の誤差は標準正規分布を仮定したものである．大雑把な感覚では，標準誤差の 3 倍も平均値が違えば，2 つの分布はかなり有意に異なるといってよい．より厳密にはウェルチ (Welch) の t 検定を行うとよいだろう．

```
SD      OS      TK
```

　par.qp3Pop.txt の最後の行の popfilename:の後ろを上記のファイル名に
書き換えて，qp3Pop を再び実行してみよう．得られる f_3 統計量は 0.9703 と
なる．したがって，この方法では TK 集団が混合集団であるとは示されない．

　最後に f_4 統計量の計算を行おう．f_4 統計量の計算は qpDstat で行い，
parqpDstat.txt が設定ファイルとなる．parqpDstat.txt の内容を次のよ
うに編集する（ファイルは**/data/9/**にもある）．

```
indivname:      yaponesia.pop.ind
snpname:        yaponesia.snp
genotypename:   yaponesia.geno
popfilename:    list_qpDstat.txt
f4mode: YES
blgsize: 0.01
printsd: YES
```

　いくつか重要なパラメータについて解説する．qpDstat では 2 種類の方法で
集団を指定することができる．1 つは poplistname を用いて集団を指定する
方法で，1 行に 1 つの集団名を記したファイルを用いる．この場合，すべての
4 つ組について f_4 統計量が計算される．もう 1 つは popfilename を用いる方
法で，1 行に 4 つの集団を，(W, X; Y, Z) の順番（9.3.1 項）で記す方法であ
る．この場合，集団数が多くても計算量が少なくて済む．f4mode を YES にする
と，D 統計量ではなく f_4 統計量が計算される．9.3.1 項で述べたようにこれら
は本質的には同じものなので，統計量の選択は好みでよい．blgsize は統計検
定において重要なパラメータである．9.3.1 項で述べたように，Admixtools 全
般において統計検定はゲノムの領域ごとに得られる統計量のばらつきをブロッ
クジャックナイフ法により計算し，そのばらつきをもとに統計的な有意性の検
定を行う．したがって，領域間が十分独立とみなせるようなまとまりを設定す
ることが重要である．blgsize はいくつの SNP をまとめてブロックとするか
のパラメータで，デフォルトでは 0.05 モルガンである．EIGENSTRAT 形式
の snp ファイルには SNP 間の組換え率の情報（データの 3 列目）を入れること

ができるので，組換え率が入手できる場合にはその値が用いられる．組換え率がデータにない場合には 1 cM = 1 Mbp として計算が行われる．デフォルトの 0.05 モルガンはおよそ 5 Mbp に相当する．これくらいの距離が離れると，ヒトの SNP どうしの相関は理論上かなり小さくなることが知られている[13]．集団内での連鎖不平衡の度合いは，その生物の集団サイズや組換え率に左右される．blgsize を小さくしすぎてしまえば，ブロックごとの統計量が独立ではなくなりかつサンプルサイズも大きくなるので，データのばらつきを過小評価してしまう傾向があることに注意しよう．今回の解析で扱うゲノムサイズは非常に小さいので，ある程度の検出力を保つために blgsize を小さめに設定している（ブロック数が 5 以下のとき，Admixtools は予期しない動作をすることがある）．printsd は f_4 統計量の標準誤差を出力するためのものである．

ここでは，popfilename を用いて，解析する集団の組み合わせを確保する．list_qpDstat.txt の内容を以下のように編集する．parqpDstat.txt と list_qpDstat.txt は/data/9/にある．

```
SD TK OS FK
SD TK OS SP
SD TK FK SP
FK OS SD SP
FK OS TK SP
```

集団の順番は図 9.4 での W, X, Y, Z の順となる．qpDstat を次のコマンドで実行する．

```
%qpDstat -p parqpDstat.txt >yaponesia.qpDstat.txt
```

実行すると，出力ファイル yaponesia.qpDstat.txt の result:で始まる行に次のような結果が示される．

```
result:        SD       TK       OS       FK    -0.002459
0.000161   -15.234      504   1386 358700
```

9.4 アレル頻度を用いた多集団解析 **143**

4つの集団名，f_4 統計量 (-0.002459)，標準誤差 (`printsd` が `YES` のときのみ，0.000161)，Z スコア (-15.234) に続いて，D 統計量で用いられる BABA サイト数（W, X, Y, Z の SNP パターンが `AGAG` のようになるサイトの数，504），ABBA サイト数 (1,386)，すべての解析サイト数 (358,700) が記されている．ここでは一番重要な Z スコアだけを見ていこう．Z スコアは標準正規分布における標準偏差を基準とした統計量で，$Z \geq |1.96|$ が $p \leq 0.05$，$Z \geq |2.58|$ が $p \leq 0.01$ に相当する．1 行目の 4 つ組 (SD, TK; OS, FK) における Z スコアは -21.126 となっており，きわめて有意である．解釈としては，この 4 つ組は図 9.4(a) に示す樹形図では表すことができず，SD と FK との間，もしくは TK と OS との間に遺伝子流動がないと説明できないことになる．しかし，この比べ方では，どちらのペアで遺伝子流動や混合が起こったのかはわからない．

このような場合，最近の遺伝子流動や混合がないと考えられる外群を用いることが手助けとなる．2 行目以降では，SP 集団を外群として様々な組み合わせの f_4 統計量を計算している．これらの結果を解釈するには，ゲノム全体でこれら 5 つの集団がどのような関係をもっているかをあらかじめ知っておかなければいけない．F_{ST} を用いて作成された図 9.5 をもとに考えてみよう．4 つの集団が木構造で表現できるなら，f_4 (SD, TK; OS, SP) の値は 0 となるはずである．しかし，f_4 (SD, TK; OS, SP) の Z スコアは結果を見ると -12.367 であることから，OS 集団は SD 集団よりも TK 集団に近いことがわかる．したがって，この 2 つの集団に何らかの遺伝子流動があったと考えることができる．次に，f_4 (SD, TK; FK, SP) の Z スコアを見てみると，-0.511 であり，この 4 集団の関係性は木構造で表して問題はないということがわかる．さらに，f_4 (FK, OS; SD, SP) の Z スコアは -15.013，f_4 (FK, OS; TK, SP) の Z スコアは -16.361 である．つまり，SD 集団からも，TK 集団からも，FK 集団よりも OS 集団が遺伝的に近縁であるということである．これらの結果を最も単純なモデルで説明すると，OS 集団の祖先集団が FK 集団との共通祖先集団と分かれた後に，TK 集団の祖先集団から遺伝子流動を受けた，もしくは OS 集団が SD 集団から分かれた集団および FK 集団から分かれた集団の混合で成り立っているということである．この場合，集団が遺伝子流動を受けたのか，混合によって成立したのかはこの解析からは知ることはできない．混合の割合を知るための統

144 | 9 集団の分岐・混合

計量としては f_4-ratio が挙げられる．これは Admixtools を用いて計算することができるが，ここでは詳しく触れないので，参考文献 [4] などを参照してほしい．

9.4.3 TreeMix を用いた推定

TreeMix は集団の関係性や移住のパターンに対する特別な前提がない状態で集団の関係性を推定することができる．TreeMix を実行するには，PLINK フォーマットのデータをもとに TreeMix フォーマットのデータを準備する必要がある．ここでは TreeMix 製作者が用意した Python スクリプトを用いたデータ変換法を紹介するが，第 11 章で紹介する Stacks というソフトウェアを用いることによってもファイルの変換を行うことができる．ここで用いる PLINK フォーマットのファイル yaponesia.bed, yaponesia_id.bim, yaponesia.fam は第 7 章で作成したものと同じものであり，/data/9/にある．

PLINK フォーマットのファイル (fam, bed/ped, bim/fam) には集団を定義する情報がない．したがって，まずは集団を定義するファイルを準備する必要がある．以下のように，1 列目と 2 列目にサンプル名，3 列目に集団名が記されているテキストファイルを作成して，yaponesia.clst という名前を付けよう．作成済みの yaponesia.clst は/data/9/にある．

```
SP01    SP01    SP
SP01    SP01    SP
...
TK09    TK09    TK
TK10    TK10    TK
```

さらに，PLINK の--freq オプションを利用して，集団ごとのアレル頻度を計算する．コマンドを実行すると yaponesia.frq.strat というファイルが作成されるので，gzip コマンドで圧縮する．編集後の bim ファイルを用いるため，plink コマンドでは bed, bim, fam ファイルをそれぞれ別に指定していることに注意しよう．

9.4 アレル頻度を用いた多集団解析 | 145

```
%plink --bed yaponesia.bed --fam yaponesia.fam --bim yaponesia_id.bim
--freq --within yaponesia.clst --out yaponesia
%gzip yaponesia.frq.strat
```

　得られた yaponesia.frq.strat.gz という名前のファイルを，TreeMix で
使えるようなフォーマットに変換する．変換のための Python スクリプトは，
TreeMix のサイトから得ることができるのでダウンロードする[†]．コマンドは
次のようになる．

```
%curl -OL
https://bitbucket.org/nygcresearch/treemix/downloads/plink2treemix.py
```

　ダウンロードした plink2treemix.py は現在一般的な Python のバージョ
ン 3 ではなく Python2 で書かれているので，Python2 のプログラムとして実
行する必要がある．このようなとき，Conda の機能を使うと実行環境を使い分
けることができるので便利である．以下のコマンドは，Python2 がインストー
ルされた環境 py2 を作成し，それを activate するものである．

```
%conda create -name py2 python=2
%conda activate py2
```

　環境が変わったら（コンソールの左端が (py2) という表示に変わったら）
plink2treemix.py を実行する．

```
%python plink2treemix.py yaponesia.frq.strat.gz yaponesia.treemix.gz
%conda activate GDT
```

　後は Conda 環境を元に戻し，TreeMix を実行するだけである．TreeMix は
Conda を用いてインストールできる．ここで用いるバージョンは 1.13 である
（付録 B 参照）．TreeMix において重要なパラメータは，仮定する混合（移住）

[†] plink2treemix.py の URL が変更された場合，それを追跡するために-L オプションを加えて
いる．

イベントの数を指定するパラメータ m と，統計検定のためにいくつの SNP を
ひとかたまりにして解析するかというパラメータ k である．TreeMix を m = 0
で実行するコマンドは次のようになる．

```
%treemix -i yaponesia.treemix.gz -m 0 -root SP -k1000 -o yaponesia_m0
```

プログラムを実行すると，`yaponesia_m0.cov.gz` などのファイルが出力され
る．7.6.2 項ではシェルスクリプトを用いて異なるパラメータで ADMIXTURE
プログラムを実行したが，ここでは様々なパラメータをプログラムに渡すこと
のできる `xargs` コマンドを使って，m を 0 から 2 まで変化させてプログラムを
実行してみよう．結果を保存する `treemix` ディレクトリを作成しておき，次の
コマンドを実行する．

```
%seq 0 2 | xargs -I% treemix -i yaponesia.treemix.gz -m % -root SP -k 1000
-o treemix/yaponesia_m%
```

TreeMix の結果を表示するための R ライブラリがプログラム作成者らによ
り提供されている．プログラムのソースコードの中にある `plotting_funcs.R`
というファイルがそれであり，次のコマンドでダウンロードすることができる．

```
%curl -OL
https://bitbucket.org/nygcresearch/treemix/raw/f38bfada3286027a09924d630
efa3ad190bda380/src/plotting_funcs.R
```

次に，TreeMix の出力ファイルがあるディレクトリを作業ディレクトリとし
て，R を実行する．`plot_tree()` は，TreeMix の出力ファイルから樹形図を
表示する関数であり，次のように使用する．

```
source("plotting_funcs.R") #ライブラリの読み込み
plot_tree("yaponesia_m0")
```

また，`plot_resid()` は，集団間の距離がグラフに当てはまっているかどう

かを図示する関数である．plot_resid関数は，pop_orderという引数をとる．これは1行に1つの集団名を記した集団のリストファイルであり，この例ではpoplist.txtというテキストファイルとして保存されている．

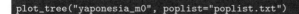

```
plot_tree("yaponesia_m0", poplist="poplist.txt")
```

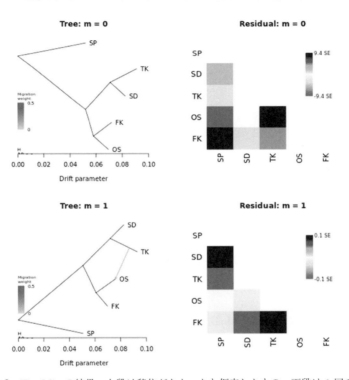

図 9.6　TreeMix の結果．上段は移住がなかったと仮定したもの．下段は1回の移住辺を仮定したもの．右列はモデルからのデータの逸脱度を表している．

m = 0, 1 のときの結果を図 9.6 に示す．R で以下のスクリプトを実行するとtreemix_plot.png が得られる．R のスクリプトファイル treemix_plot.R は /data/9/ にある．

```
### treemix_plot.R
source("plotting_funcs.R") #関数の読み込み
png("treemix_plot.png", width=600, height=600)
par(mfrow=c(2,2))
for (i in 0:1) {
    plot_tree(paste0("treemix/yaponesia_m",i))
    title(paste0("Tree: m = ",i))
    plot_resid(paste0("treemix/yaponesia_m",i), pop_order="poplist")
    title(paste0("Residual: m = ",i))
}
dev.off()
```

　右列に示したプロットは，集団間の距離が得られたグラフからの期待値とど
れだけずれているかが色で示されている．この例では，1回の移住を仮定した
場合においても，TK, FK 集団と SP, SD 集団との間の遺伝的距離があまりうま
く説明できていないことを示している．より多くの移住辺を加えることにより，
これらの不整合は解消されていく．

参考文献

[1] Cavalli-Sforza, L. L. and A. W. Edwards, *Phylogenetic analysis. Models and estimation procedures.* American Journal of Human Genetics, 1967. **19**(3 Pt 1): pp. 233–257.

[2] Cavalli-Sforza, L. L., *Population structure and human evolution.* Proceedings of the Royal Society of London. Series B, Biological Sciences, 1966. **164**(995): pp. 362–379.

[3] Wang, Y. and R. Nielsen, *Estimating population divergence time and phylogeny from single-nucleotide polymorphisms data with outgroup ascertainment bias.* Molecular Ecology, 2012. **21**(4): pp. 974–986.

[4] Patterson, N., et al., *Ancient admixture in human history.* Genetics, 2012. **192**(3): pp. 1065–1093.

[5] Weir, B. S. and C. C. Cockerham, *Estimating F-statistics for the analysis of population structure.* Evolution, 1984. **38**(6): pp. 1358–1370.

[6] Holsinger, K. E. and B. S. Weir, *Genetics in geographically structured populations: defining, estimating and interpreting F_{ST}.* Nature Reviews Genetics, 2009. **10**(9): pp. 639–650.

[7] Bhatia, G., et al., *Estimating and interpreting F_{ST}: The impact of rare variants.* Genome Research, 2013. **23**(9): pp. 1514–1521.

[8] Reich, D., et al., *Reconstructing Indian population history.* Nature, 2009.

461(7263): pp. 489–494.

[9] Busing, F. M. T. A., E. Meijer, and R. V. D. Leeden, *Delete-m jackknife for unequal m.* Statistics and Computing, 1999. **9**(1): pp. 3–8.

[10] Pickrell, J. K. and J. K. Pritchard, *Inference of population splits and mixtures from genome-wide allele frequency data.* PLoS Genetics, 2012, **8**: p. e1002967

[11] Lipson, M., P.-R. Loh, A. Levin, D. Reich, N. Patterson and B. Berger, *efficient moment-based inference of admixture parameters and sources of gene flow.* Molecular Biology and Evolution, 2013. **30**: pp. 1788–1802.

[12] Fitak, R. R, *OptM: Estimating the optimal number of migration edges on population trees using Treemix.* Biology Methods and Protocols, 2021. **6**: p. bpab017.

[13] Pritchard, J. K. and M. Przeworski, *Linkage disequilibrium in humans: Models and data.* American Journal of Genetics, 2001. **69**(1): pp. 1–14.

Chapter

10

正の自然選択の検出

10.1　正の自然選択と遺伝的多様性

　有利な変異が急速に集団中に広まる正の自然選択がはたらいたかどうか，すなわちその集団が適応進化をしたかどうかを知ることは，集団の進化や集団間の違いを考えるときに大きな助けとなる．また適応進化の例を見出すことは進化生物学で特に興味がもたれていることだろう[1]．たとえば，ヒトの乳糖分解酵素遺伝子 (LCT) では，ヨーロッパ人集団で強い選択圧を受けたことが示されており，新石器時代以降に誕生した酪農という生業体系に関連して地域特異的な自然選択がはたらいたと考えられている．また，東アジア人集団においては，アルコール代謝に関わるアルデヒド脱水素酵素遺伝子 2 ($ALDH2$) や髪の毛・歯・汗腺等の発生に関わる Ectodysplasin A Receptor 遺伝子 ($EDAR$) などで，自然選択の痕跡が発見されている[2,3]．正の自然選択がはたらくと，遺伝的多様性のパターンは中立進化のときと大きく異なることが期待される．SNPのデータから検出しようとする試みには非常に長い歴史があり，様々なアプローチが存在する．

10.2　アウトライヤーアプローチと検定アプローチ

　自然選択のターゲットは個体そのものだが，個体の適応度を決めるのは形質で，その形質に影響を与えるのが遺伝子型である．したがって，正の自然選択がはたらくことで遺伝的多様性のパターンが変化するゲノム上の領域は，適応

度に関わる遺伝子座と，その遺伝子座と連鎖不平衡にある周辺領域のみである．このような自然選択の性質を使って，ゲノムを小さな領域に片化しそれぞれの領域における遺伝的多様性のパターンを要約統計量から評価することで，例外的な遺伝的多様性のパターンを示すゲノム領域を同定し，そのゲノム領域が自然選択を受けた可能性のある領域とみなすことができる（アウトライヤーアプローチ）[4-6]．一方で，中立進化を仮定したときのシミュレーション結果から，中立下での要約統計量の帰無分布を求め，あるゲノム領域が示す要約統計量が中立進化の帰無仮説を棄却できるかどうかの検定を行うこともできる（検定アプローチ）[7,8]．

検定アプローチでは，中立を仮定したときの要約統計量の期待値や分布を得て，実際のデータから得られた要約統計量が中立進化のもとで得られる確率を求めることで検定を行う．中立進化を仮定したときの要約統計量の期待値や分布は，さらに集団の有効集団サイズが一定であることを仮定すると解析的に得られることが多い．しかし，一般に有効集団サイズ (N_e) は時間とともに変化するので，N_e を一定と仮定したモデルに従って集団進化することはあまりない．N_e の変化を考えると，中立進化を仮定したときの要約統計量の期待値や分布を解析的に求めるのは難しい．そこで，検定アプローチでは，集団の N_e の変化の歴史をおおよそ正しく反映した**集団動態モデル** (demographic model) を加味したシミュレーションを構築し，シミュレーションを繰り返し行って，それぞれの試行における要約統計量を計算し，その期待値や分布を得ることで，中立進化のもとでの要約統計量の期待値や分布とすることが多い．したがって，検定アプローチを使うときは，事前に何らかの方法で集団の N_e の変化の歴史をあらかじめ推定する必要がある（第 9 章参照）．

アウトライヤーアプローチでは，そのようなシミュレーションの構築は必要としない．しかし，正の自然選択が関わっていないゲノム領域は存在しないという可能性を排除できないことから，自然選択がはたらいた可能性のある候補領域が特定できても，真に自然選択がはたらいたかどうかは別途検討が必要だろう．

10.3 統計量を用いた正の自然選択の検出

いくつかの要約統計量について，それらを用いた自然選択の検出について解説を行う．ここではこれまでに学んだ要約統計量と、新たに解説する要約統計量の両方が登場する．

10.3.1 塩基多様度

正の自然選択がはたらくと，特定の突然変異をもったハプロタイプの集団中の頻度が急激に増す．そのため，正の自然選択がはたらいたゲノム領域では1種類のハプロタイプが集団中に数多く占めるようになり，塩基多様度 π（6.1.3 項参照）は低下する．これは，適応度を上げるような変異の頻度の上昇が短時間で起こるため，適応度を上げるような変異と連鎖不平衡にある塩基サイトも同時に頻度が上昇していくために起こる．このような現象を**セレクティブスウィープ** (selective sweep) または**ヒッチハイク効果** (hitch-hiking effect) とよぶ[9]．しかし，適応度を上げるような変異があるサイトから離れた領域は連鎖不平衡になく，ヒッチハイク効果を受けないので，塩基多様度は正の自然選択による影響を受けない．したがって，ゲノム領域を小さなウインドウに区切って，それぞれの π を求めたとき，正の自然選択がはたらいたゲノム領域の π は周辺の領域やゲノム平均に比べて小さい値を示すことが期待される．

10.3.2 田嶋の D 統計量

6.2.2 項で解説した田嶋の D 統計量は，θ_W と θ_π を用いて中立進化からの逸脱を検出する方法である．第6章で述べたように，中立進化から逸脱するパターンとして，自然選択がはたらいているパターンと，N_e が一定でないパターンがある．正の自然選択がはたらく場合と，N_e が増加した場合では，どちらも田嶋の D 統計量は負の値を示す．言い換えれば，田嶋の D 統計量が負の値を示した場合，それが正の自然選択によるものなのか，N_e が増加したことによるものかは，それだけでは区別できない．しかし，上記のとおり，正の自然選択が特定のゲノム領域の遺伝的多様性のパターンを変化させるのに対し，N_e の増加に

よる遺伝的多様性のパターンの変化はゲノム全体にわたって起こる．この違いを利用すると，田嶋の D 統計量を用いたアウトライヤーアプローチで，正の自然選択がはたらいたゲノム領域の候補を得ることができる．集団の歴史を事前に理解しているのならば，集団の N_e の変化の歴史をおおよそ正しく反映した人口動態モデルを加味したシミュレーションを構築し，シミュレーションから中立進化における田嶋の D 統計量の分布を得ることで，検定アプローチによる正の自然選択の検出を行うことも可能である．

10.3.3 SFS

塩基多様度 π や田嶋の D 統計量は，第6章で紹介した SFS から計算することのできる値であるが，SFS そのものを利用して自然選択を検出することも可能である．前項で紹介したように，ゲノム全体の SFS は過去の集団サイズの変化によって変化する．一方，正の自然選択によるセレクティブスウィープが起こると，その領域における SFS はゲノム全体のものと異なったものになると予想できる．ゲノム全体から得られた SFS を用いて，注目する領域における SFS を観察する**複合尤度** (composite likelihood) を最大化し，その領域における選択係数を推定する方法が考案されている[10]．複合尤度を用いた方法は過去の集団動態モデルについて何らかの仮定をすることなく尤度が得られ，選択係数を知ることができるところが優れている．

また，集団特異的なセレクティブスウィープを検出する方法として，集団間で複合尤度を比較し，その違いを検定する **XP-CLR 検定** (cross-species Composite Likelihood Ratio test) という方法も考案されている．自然選択が起こっていない集団の情報も加えているため，より感度の高い検出が可能である[11]．

10.3.4 F_{ST}

第9章で解説した F_{ST} を使っても正の自然選択を検出できる．ここでは着目している集団と，それと近縁な集団の間の F_{ST} を考える．ゲノム上の領域ごとに F_{ST} の値はゲノム平均から多少大きくなったり，小さくなったりする．着目している集団において，正の自然選択がはたらいたとき，その影響を受けたゲ

ノム領域では特定のアレルの頻度が急に上がるので，F_{ST} の値がゲノム平均に比べて高くなることが期待される．この性質を利用すると，F_{ST} を用いたアウトライヤーアプローチで，正の自然選択が関わったゲノム領域の候補を得ることができる．すなわち，ゲノムを複数の領域に分割し，それぞれの領域ごとに F_{ST} を求め，特に F_{ST} が大きい領域を探すことで，正の自然選択が関わったゲノム領域を探すことができる．このようなアプローチは，最近に分化しつつも遺伝子流動が互いに起こっている 2 種に関して，種分化に関わったゲノム領域や遺伝子を探索するのに有用である[1]．

2 集団を用いた F_{ST} の解析では，SNP の頻度が異なっていることを示せても，どの集団で頻度の上昇が起こったのかを知ることはできない．集団特異的に SNP の頻度が上昇したことを検定する手法として，3 集団においてそれぞれの集団間で F_{ST} を計算することによって得られる**集団枝統計量** (Population Branch Statistics, **PBS**) が提案されており，チベット人集団の高地適応に関わる遺伝子の発見などに用いられている[12]．PBS に似たような統計量として，**座位特異的枝長** (Locus Specific Branch Length, **LSBL**) も存在する[13]．

10.3.5　LD/ハプロタイプ

第 4 章で学習したように，ヒト集団中で観察される SNP の多くは隣接する SNP と連鎖不平衡 (LD) の状態にある．連鎖した SNP の情報，つまりハプロタイプの情報を用いることにより，正の自然選択検出の感度を大幅に向上させることが可能である．**図 10.1** に示したように，セレクティブスウィープが起こると，「長く」かつ「均質な」ハプロタイプが集団の中に多く見られることになる．この特徴を捉えて正の自然選択を検出する方法がいくつも提案されている．

有名な方法として，注目している SNP を含むハプロタイプのホモ接合度の変化を測定する**ハプロタイプホモ接合伸長** (Extended Haplotype Homozygosity, **EHH**) **スコア**を測定するものがある[14]．注目する SNP から観察する領域を徐々に広げていき，スコアが減少する度合いを他の領域と比較することによって，セレクティブスウィープの痕跡を検出することができる．ある SNP から上流方向および下流方向に i 個だけ離れた SNP までのハプロタイプを考えよう

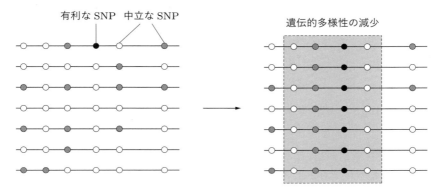

図 10.1 セレクティブスウィープの概略図．水平線は染色体，白と灰色の丸は中立な SNP を表す．黒丸で示された生存に有利な SNP が集団中に現れ（左），それが急速に集団に固定すると（右），固定した有利な変異の周りでは，遺伝的多様性の減少と均質なハプロタイプの増加が観察されると予想される．

（図 10.2 左）．n 本の染色体のうち，あるハプロタイプの観察数を n_h とする．EHH は，ランダムにハプロイド（染色体）を 2 本とってきたときにそのハプロタイプが一致する確率であり，i 番目までの SNP を含む領域における $\mathrm{EHH}(x_i)$ は次式で定義される．$\sum$ は観察されるすべてのハプロタイプについての値の合計，$\binom{n}{k}$ は二項係数を表す．

$$\mathrm{EHH}(x_i) = \sum \frac{\binom{n_h}{2}}{\binom{n}{2}} \tag{10.1}$$

この定義は一般的なホモ接合度の定義と本質的には同じであるが，同じハプロタイプを 2 回抽出しないという制限を課しているので，その値はホモ接合度とは若干異なっている．

また，注目しているアレルではないほうのアレルにおけるスコアを算出し比較する**統合ハプロタイプスコア** (integrated Haplotype Score, iHS) という統計量もしばしば用いられている[15]．この場合，注目する SNP において**祖先型**と**派生型**のアレルをもつハプロタイプ群それぞれに対して，範囲を広げながら EHH を計算し，一定の値以下になるか，一定の遺伝距離に達するまで計算を続ける．その後，EHH の値をつなぐ線の下の面積（図 10.2 右）の対数比をとった後に正規化を行う．EHH は変異の頻度に影響を受けるので，正規化を行うと

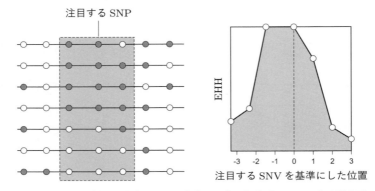

図 10.2 EHH の計算例．丸印は SNP を表し，○は祖先型アレル，●は派生型アレルを表す．注目する SNP の前後 1 つ以内の SNP におけるハプロタイプ（左，破線の枠内）を数えてみると，4 種類となっている．領域を広げれば広げるほど観察されるハプロタイプの数が増えていくことがわかるだろう．ハプロタイプの均質性が高ければ EHH スコアは高くなる．対象となる領域を広げていき，観察される EHH をプロットしたものが右図になる．線の下の面積が広ければ広いほど，注目する SNP 周辺のハプロタイプが長く，かつ均質であるといえる．

きは，同じような頻度の SNP をひとまとめにして，バックグラウンドとなる EHH の分布を決定する必要がある．

この方法では，ゲノム全体の SNP の iHS の分布をもとに有意性を判定するため，iHS による検定はアウトライヤーアプローチであるといえる．iHS が正の方向の外れ値であれば，派生型アレルをもつハプロタイプのほうが，より長く均質である解釈することができる．最近起こった変異が急速に集団中に固定するという過程を考えているため，ここでは派生型アレルをあらかじめ知っておく必要がある．一般には，近縁種のゲノム情報を用いるなどして派生型アレルを同定する．

10.4　VCFtools/selscan を用いた正の自然選択の検出

VCFtools と selscan というソフトウェアを用いて，実際に正の自然選択の検出をしてみよう．

10.4.1 塩基多様度

まず，塩基多様度 π を用いたウインドウ解析を使って，SD集団を対象にした正の自然選択の検出をしてみよう．正の自然選択がはたらいたゲノム領域では周辺に比べて π の値が小さくなっているはずなので，このような領域をゲノムの中から探してみる．第6章でFK集団に対して行ったのと同様に，VCFtools の --window-pi オプションと --window-pi-step オプションを使って，SD集団におけるゲノム領域ごとの π を計算する．ここではウインドウの大きさを 100 kbp，ステップ（ウインドウをずらす距離）を 10 kbp としている．ファイル yaponesia.vcf.gz と SD_list.txt はデータディレクトリ (/data/6/) にある．

```
%vcftools --gzvcf yaponesia.vcf.gz --keep SD_list.txt --window-pi 100000
--out SD_100K
```

結果 (SD_100K.windowed.pi) は以下のようになる．

```
CHROM   BIN_START   BIN_END   N_VARIANTS   PI
chr1    1           100000    332          0.000563455
chr1    100001      200000    428          0.000923451
chr1    200001      300000    420          0.000626513
...
```

計算された π の値を染色体ゲノム上の座標を横軸にプロットすると，**図 10.3** 上段が得られる．5 Mbp 付近と 1.5 Mbp 付近に，特に小さな π を示す領域が見える．領域全体の平均値 –3SD よりも小さい π を示したウインドウは存在していないことがわかる．

10.4.2 田嶋の D 統計量

次に，田嶋の D 統計量を用いたウインドウ解析を使って，正の自然選択の検出をしてみよう．正の自然選択がはたらいたゲノム領域では周辺に比べて田嶋の D 統計量の値が小さくなっているはずなので，このような領域をゲノムの中

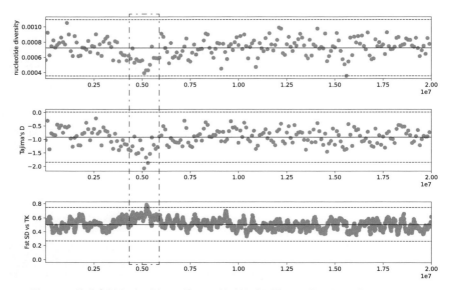

図 10.3 塩基多様度（上段），田嶋の D 統計量（中段），SD 集団と TK 集団間の F_{ST}（下段）を染色体に沿ってプロットしたもの．5 Mbp 付近に強い選択の痕跡（一点鎖線枠内）が見られる．平均値を実線，平均値 ±3SD を破線で示している．

から探してみよう．VCFtools の --TajimaD オプションを使った次のコマンドで，田嶋の D 統計量を用いたウインドウ解析の結果を表示してみよう．ここではウインドウサイズを 100 kbp としている．

```
%vcftools --gzvcf yaponesia.vcf.gz --keep SD_list.txt --TajimaD 100000 --out SD_100K
```

結果 (SD_100K.Tajima.D) は以下のようになる．

```
CHROM    BIN_START    N_SNPS    TajimaD
chr1     0            332       -1.0244
chr1     100000       428       -0.306444
chr1     200000       420       -1.36777
...
```

10.4 VCFtools/selscan を用いた正の自然選択の検出 | **159**

計算された π の値を染色体ゲノム上の座標を横軸にプロットすると，図 10.3 中段のようになる.

5 Mbp 付近の田嶋の D 統計量が特に小さくなっており，ゲノム平均 –3SD よりも小さくなっているウインドウが存在することがわかる.

10.4.3 F_{ST}

次に，SD 集団を対象に，F_{ST} を用いたウインドウ解析を使って，正の自然選択の検出をしてみよう．ここでは TK 集団との間の F_{ST} を求める.

まずは VCFtools を用いて SD 集団と TK 集団の間におけるゲノム全体の F_{ST} を求めてみよう．次のコマンドと `--fst-window-size` オプションでゲノム全体の 2,351,3500 bp を指定する．`SD_list.txt` には SD 集団に属する個体のリストが，`TK_list.txt`（/data/6/ にある）には TK 集団に属する個体のリストがそれぞれ入っている．`yaponesia.vcf.gz` には 5 つの集団のデータが含まれているが，以下では "`--wier-fst-pop SD.list.txt --weir-fst-pop TK.list.txt`" と指定することで，SD 集団と TK 集団の間の F_{ST} を計算させている.

```
%vcftools --gzvcf yaponesia.vcf.gz --weir-fst-pop SD_list.txt --weir-fst-
pop TK_list.txt --fst-window-size 23513500 --out SD_TK_all
```

結果（`SD_TK_all.windowed.weir.fst`）を以下に示す.

CHROM	BIN_START	BIN_END	N_VARIANTS	WEIGHTED_FST	MEAN_FST
chr1	1	23513500	108742	0.515161	0.175602

`MEAN_FST` はそれぞれの SNP サイトについての F_{ST} を平均した値で，`WEIGHTED_FST` はそれぞれの SNP サイトの F_{ST} を求めるときの分子の和を分母の和で割ったものである．複数の SNP を考慮してゲノム全体の分化度を評価する場合には，後者のほうが適切な値である．したがって，ここでは `WEIGHTED_FST` を見ていこう．SD 集団と TK 集団間のゲノム全体の F_{ST} は `WEIGHTED_FST` から 0.515161 となる．2 つの集団はかなり分化しているということができる.

次に，SD 集団と TK 集団の間における F_{ST} についてウインドウ解析

を行ってみよう．次のコマンドで，"--fst-window-size" を 100 kbp，"--fst-window-step" を 10 kbp として，その結果を表示する．

```
%vcftools --gzvcf yaponesia.vcf.gz --weir-fst-pop SD_list.txt --weir-fst-
pop TK_list.txt --out SD_TK_100K --fst-window-size 100000 --fst-window-
step 10000
```

結果 (SD_TK_100K.windowed.fst) を以下に示す．

```
CHROM    BIN_START    BIN_END    N_VARIANTS    WEIGHTED_FST    MEAN_FST
chr1     1            100000     463           0.56597         0.194196
chr1     10001        110000     507           0.571996        0.205775
chr1     20001        120000     517           0.545114        0.201652
...
```

得られた F_{ST} の値をゲノムのポジションに沿ってプロットすると，図 10.3 下段のようになる．

図下において，5 Mbp 付近でゲノム平均 –3SD より大きく，また他の領域に比べても大きい F_{ST} のピークが見える．したがって，F_{ST} の結果からは，5 Mb 付近で SD 集団と TK 集団が大きく遺伝的に分化をしていることがわかる．SD 集団と TK 集団でアレルの頻度が大きく違っている可能性があり，SD 集団で特定のアレルが正の自然選択を受けて頻度が上昇した可能性，もしくは TK 集団で特定のアレルが正の自然選択を受けて頻度が上昇した可能性，または SD 集団と TK 集団でそれぞれ別のアレルが正の自然選択を受けてそれぞれの集団での頻度が上昇した可能性が示唆される．

10.4.4 LD/ハプロタイプ

ハプロタイプを用いた自然選択検出法には様々なものが提案されているが，ここでは selscan というソフトウェアを用いてデータを解析していこう[16]．selscan は，EHH や iHS などだけでなく，nSL や XP-nSL とよばれる手法も利用することができる[17,18]．nSL と iHS の主な違いは，nSL は組換えマップ† データ

---

† ゲノム配列上の座標を表す列データと，対応する座標間での遺伝的組換え率の列データを横に並べたデータ．

の入力なしでも動くところである．また，XP-nSL は集団間で比較を行うことによって，正の自然選択が集団特異的にはたらいた場合には，より高い検出力をもった検定が可能である[19]．また，selscan は --unphased オプションを指定することによって，フェージングされていないデータも扱うことが可能である．これは非モデル生物を用いた解析には有用なオプションである．ハプロタイプを推定することなしに，ハプロタイプを用いた統計量を計算できる仕組みについては，Harris et al. (2018) などを参照してほしい[20]．

　selscan のバージョン 1 は Conda によるインストールが可能であるが，本書の執筆時点では最新のバージョン 2 はインストールできないので，付録 B を参考にしてインストールしてみよう．

　それでは，nSL による自然選択の検出を試してみよう．selscan は PLINK フォーマットのファイルなども入力として受け取ることができるが，ここでは vcf ファイルを入力として使う．ハプロタイプを用いた手法なので，vcf ファイルはフェージング済みである必要がある．ここでは，フェージング済みの vcf ファイルとして，/data/10/ にある yaponesia.phased.vcf.gz を用いる．なお，この vcf ファイルでは祖先型アレルは 0，派生型アレルは 1 としてコードされている．ヒト以外の生物で祖先型，派生型がきちんと分けられた vcf ファイルを作成するには，ある程度のプログラミング作業が必要となるだろう．外群となる集団のサンプル（今回の例では SP 集団）の次世代シークエンスデータが手に入る場合は，外群サンプルの vcf ファイルから参照ゲノム配列を新たに作り直して†，それに他のサンプルをマッピングするということも可能だろう．この場合，新しいゲノム配列と一致するものが祖先型アレル，一致しないものが派生型アレルとすることが可能である．

　まずは，ここで扱う SD 集団と TK 集団について，それぞれのサンプルだけを抜き出した vcf ファイルを以下のコマンドで作成する．なお，このコマンド例では，通常の --out オプションではなく，--stdout オプションを用いて標準出力に vcf ファイルを出力し，それをパイプで gzip に渡すことによって，抽出と圧縮を同時に行っている．なお，同様の作業は bcftools などを用いても可

---

†ここでは詳しく解説しないが，Samtools, Picard, GATK などを用いて，vcf ファイルから FASTA フォーマットのゲノム配列を作り出すことが可能である．

能である.

```
%vcftools --gzvcf yaponesia.phased.vcf.gz --keep SD_list.txt --recode --
stdout | gzip > SD.phased.vcf.gz
%vcftools --gzvcf yaponesia.phased.vcf.gz --keep TK_list.txt --recode --
stdout | gzip > TK.phased.vcf.gz
```

次のコマンドを実行すると, 結果 (SD.nsl.out) がテキストで出力される.

```
%selscan --nsl --vcf SD.phased.vcf.gz --out SD
```

結果を表示してみると, 次のような内容になっている.

```
.       64952   0.3     42.6212 69.5635 -0.212756
.       65766   0.1     115.333 45.2     0.406816
.       65817   0.675   75.5442 36.5256  0.315603
.       66534   0.1     81.0833 46.5929  0.240612
.       68044   0.1     131.833 45.827   0.458904
```

最後の 6 列目が nSL スコアである. スコアの分布を**図 10.4** 左上に示す. そして, 染色体上に nSL をプロットしたものが図右上である. ここでは, 特に目立ったピークは見られない.

次に, SD 集団と TK 集団を用いて XP-nSL を見てみよう. 次のコマンドを実行すると, SD_TK.nsl.out という出力が得られる.

```
%selscan --xpnsl -vcf-ref SD.vcf.gz --vcf TK.vcf.gz --out SD_TK
```

結果を開いてみると, 次のような内容になっている.

```
id      pos     gpos    p1      sL1     p2      sL2     xpnsl
.       2675    100     0       164.838 0       105.933 0.192024
.       2691    101     0       164.562 0       105.862 0.191592
.       2712    102     0       164.264 0       105.79  0.191099
.       2742    103     0       163.944 0       105.718 0.190546
...
```

10.4 VCFtools/selscan を用いた正の自然選択の検出 | 163

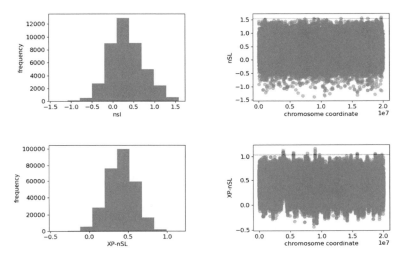

図 10.4 nSL および XP-nSL を用いたセレクティブスウィープの検出．上段は SD 集団における nSL の分布のヒストグラム（左上）と染色体の座標上でのプロット（右上），10,000 分の 1 の分位点となる位置に破線が描かれている．下段は同様の図を SD 集団と TK 集団間の XP-nSL について示したもの．

8列目が XP-nSL の値となっている．XP-nSL の分布を図 10.4 左下に，そして，染色体上に XP-nSL をプロットしたものを図右下に示す．右下の図では，5 Mbp 付近において XP-nSL が大きく上昇している SNP が大量に見られるようになるが，似たような傾向を示す領域もいくつか見られる．このように，対照群となる集団を用いることにより，セレクティブスウィープの検出力を上昇させることが可能である．ただし，右下の図では 10 Mbp や 15 Mbp 付近などにも偽陽性となるゲノム領域がいくつか検出されているので，他の統計量と組み合わせて評価を行うなど，さらなる検証が必要である．このように，ハプロタイプを用いた自然選択検出法は比較的強力ではあるが，有利なアレルが生じた時期，突然変異率，組換え率，集団構造など，様々な要因によって検出力が変わってくるので注意が必要である[21]．

参考文献

[1] Malinsky, M., et al., *Genomic islands of speciation separate cichlid ecomorphs in an East African crater lake*. Science, 2015. **350**(6267): pp. 1493–1498.

[2] Oota, H., et al., *The evolution and population genetics of the ALDH2 locus: Random genetic drift, selection, and low levels of recombination*. Annals of Human Genetics, 2004. **68**(Pt 2): pp. 93–109.

[3] Fujimoto, A., et al., *A scan for genetic determinants of human hair morphology: EDAR is associated with Asian hair thickness*. Human Molecular Genetics, 2008. **17**(6): pp. 835–843.

[4] Cavalli-Sforza, L. L., *Population structure and human evolution*. Proceedings of the Royal Society of London. Series B, Biological Sciences, 1966. **164**(995): pp. 362–379.

[5] Lewontin, R. C. and J. Krakauer, *Distribution of gene frequency as a test of the theory of the selective neutrality of polymorphisms*. Genetics, 1973. **74**(1): pp. 175–195.

[6] Kelley, J. L., et al., *Genomic signatures of positive selection in humans and the limits of outlier approaches*. Genome Research, 2006. **16**(8): pp. 980–989.

[7] Freedman, A. H., et al., *Demographically-based evaluation of genomic regions under selection in domestic dogs*. PLoS Genetics, 2016. **12**(3): p. e1005851.

[8] Ometto, L., et al., *Inferring the effects of demography and selection on Drosophila melanogaster populations from a chromosome-wide scan of DNA variation*. Molecular Biology and Evolution, 2005. **22**(10): pp. 2119–2130.

[9] Smith, J. M. and J. Haigh, *The hitch-hiking effect of a favourable gene*. Genetical Research, 1974. **23**(1): pp. 23–35.

[10] Nielsen, R., et al., *Genomic scans for selective sweeps using SNP data*. Genome Research, 2005. **15**(11): pp. 1566–1575.

[11] Chen, H., N. Patterson and D. Reich, *Population differentiation as a test for selective sweeps*. Genome Research, 2010. **20**(3): pp. 393–402.

[12] Yi, X., et al., *Sequencing of 50 human exomes reveals adaptation to high altitude*. Science, 2010. **329**(5987): pp. 75–78.

[13] Shriver, M. D., et al., *The genomic distribution of population substructure in four populations using 8,525 autosomal SNPs*. Human Genomics, 2004. **1**(4): p. 274.

[14] Sabeti, P. C., et al., *Detecting recent positive selection in the human genome from haplotype structure*. Nature, 2002. **419**(6909): pp. 832–837.

[15] Voight, B. F., et al., *A map of recent positive selection in the human genome*. PLoS Biology, 2006. **4**(3): p. e72.

[16] Szpiech, Z. A., *selscan 2.0: Scanning for sweeps in unphased data*. bioRxiv, 2021: p. 2021.10.22.465497.

[17] Ferrer-Admetlla, A., et al., *On detecting incomplete soft or hard selective sweeps using haplotype structure*. Molecular Biology and Evolution, 2014. **31**(5): pp. 1275–1291.

[18] Szpiech, Z. A., et al., *Application of a novel haplotype-based scan for local adaptation to study high-altitude adaptation in rhesus macaques*. Evolution Letters, 2021. **5**(4): pp. 408–421.

[19] Sabeti, P. C., et al., *Genome-wide detection and characterization of positive selection in human populations.* Nature, 2007. **449**(7164): pp. 913–918.

[20] Harris, A. M., N. R. Garud and M. DeGiorgio, *Detection and classification of hard and soft sweeps from unphased genotypes by multilocus genotype identity.* Genetics, 2018. **210**(4): pp. 1429–1452.

[21] Tanaka, T., et al., *Power of neutrality tests for detecting natural selection.* G3 Genes|Genomes|Genetics 2023. **13**(10).

Chapter

11

ターゲットシークエンシング

11.1　ターゲットシークエンシングの原理と手法

　ゲノムを解析するにあたっては，様々な理由から，ゲノムのすべての塩基配列ではなく，その一部だけ読み取る必要性が生じることがある．ターゲットシークエンシングとは，このような場合にゲノムの領域を限定して解読する手法のことである．本章では，代表的なターゲットシークエンシングの手法を紹介する．

11.1.1　エキソームシークエンシング

　ゲノムの中で機能的な領域に注目したい場合は，遺伝子をコードするゲノム領域のみを解読するほうが，低コストで効率的に必要な情報を得ることができる．このようなときに力を発揮するのが**エキソームシークエンシング** (exome sequencing) である．この手法では，ゲノムのエキソン領域の配列に特異的に結合するプローブを設計し，エキソン領域をターゲットとして網羅的に解読する．ゲノム DNA を抽出し断片化したのち，プローブと結合する配列だけを選別してシークエンシングすることで，エキソン領域だけをエンリッチメントして読むことができる．非常に効率的な方法であるが，プローブの設計は参照ゲノム配列の情報がないとできないため，ゲノムが解読されていない生物に適用するのは難しい．また，得られる情報がタンパク質をコードしているゲノム内の機能的な配列のみなので，生物集団の進化史を大きく反映している中立に進化している SNP の情報は，ATGC どれであっても同じアミノ酸を指定する四重縮退サイトを除いて得られないという欠点もある．

11.1 ターゲットシークエンシングの原理と手法 | 167

　エキソームシークエンシングは，これらの特徴から現在は主にヒトにおける GWAS による疾患関連ゲノム領域の探索に用いられている[1]．GWAS は 2000 年代前半に開発され，ジェノタイピングには安価な SNP チップが用いられていた．SNP チップでは，多くの人類集団が共通にもつ数万〜数十万個のゲノムワイド SNP の情報を決定することができる．しかし，**レアバリアント**とよばれるアレル頻度が 0.01 以下の SNP の情報はほとんど得ることができない．このようなレアアレルは希少な遺伝性疾患に関わることがあり，遺伝率を考えるうえでも重要である．エキソームシークエンシングでは，エキソンの配列を網羅的に解読することで，タンパク質機能の変化をともなう可能性がある遺伝子領域のレアアレルの情報を得ることができる．2009 年に初めてエキソームシークエンシングによる疾患感受性ゲノム領域の同定が報告されて以来，この手法は SNP チップに代わるジェノタイピング方法として急速に発展している[2,3]．ゲノムのすべての領域を決定する全ゲノム配列解読は，大量のサンプルの遺伝子型を決定するにはそのコストは比較的割高なので，今後もエキソームシークエンシングは重宝される手法であろう．

11.1.2　RAD シークエンシング

　非モデル生物の遺伝的多様性を調べるのに主流となりつつあるのが，**RAD シークエンシング** (Restriction site Association DNA sequencing, **RAD-seq**) である．これは，非モデル生物の遺伝的多様性を推定するのに，古くから用いられてきた**制限酵素断長多型解析** (Amplified Fragment Length Polymorphism, **AFLP**) を発展させた手法である．AFLP では，ゲノム DNA を特定の制限酵素で処理し，そのバンドパターンから遺伝的多様性を推定する．RAD シークエンシングでは，これを応用し，制限酵素で断片化されたゲノム DNA の部分配列をショートリードシークエンサーで解読し，そこにある SNP を検出する[4]．RAD シークエンシングが開発されるまでは，参照ゲノム情報が解読されていない非モデル生物の遺伝的多様性を調べる際には，AFLP，ミトコンドリア DNA，マイクロサテライト DNA，または数個の核ゲノムに存在する遺伝子に対象を絞り，サンガーシークエンサーで解読する解析が主流であった．しかし，2010 年

にRADシークエンシングでトゲウオ (*Gasterosteus aculeatus*) を用いた生態遺伝学的解析が報告されて以来，参照ゲノム配列の情報なしで廉価で大量のゲノムワイドSNPを決定できるこの手法は，非モデル生物の集団ゲノミクス解析で頻繁に利用されるようになっている[5]．利用が増加するに従って，ezRAD，ddRAD (double digest RAD)，BestRADなどの改良版も開発されている[6]．中でもddRAD-seqは，2つの制限酵素を使用し，高効率でカバレージの高いデータが得られるので，最もよく使われる方法の1つである（**図11.1**）[7]．しかし，欠点の1つとして，解析には高品質なゲノムDNAが必要であることが挙げられる．また，参照ゲノム配列がない場合，制限酵素による切断部位に変異が入った場合などは，正しく領域がクラスタリングされないことがあるので注意が必要である．

RADシークエンシングで得られたデータを解析するパイプラインも数多く開発されており，Stacks, ipyradなどの解析ソフトがある[8,9]．RADデータの解析パイプラインは参照ゲノム配列の有無で異なる．参照ゲノム配列がある場

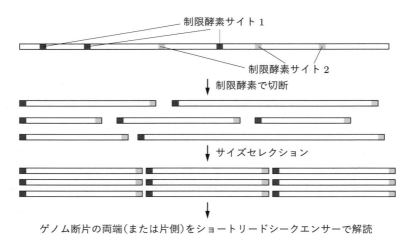

図11.1 ddRADシークエンシングの原理．ゲノムDNAを2つの制限酵素で処理して断片化した後，長さが同じ程度の断片を選び，その両端または片側をショートリードシークエンサーで解読する．少ないリード数で高いカバレージの配列情報が得られるので，大量のサンプルの共通するゲノムワイドSNPを安価に決定することができる．

合は，通常の変異検出解析と同様にリードをゲノムにマッピングして SNP を
同定する．参照ゲノム配列がない場合は，まず解読されたリードを比較して相
同な配列をクラスタリングする必要がある．この作業をアセンブルとよび，こ
の際のパラメータの設定が解析結果に影響を及ぼす．RAD データ解析の詳細
については，次節の Stacks のチュートリアルを参照にされたい．

11.1.3 MIG シークエンシング

ゲノム中にはマイクロサテライト配列のような単純反復配列に挟まれた領
域 (Inter-Simple Sequence Repeat, ISSR) が多数存在する．このような配列
を利用して SNP を検出するのが，**MIG シークエンシング** (Multiplexed ISSR
Genotyping by sequencing, **MIG-seq**) である．この方法では，単純反復配列
に結合するプライマーを用いて，ISSR を PCR で増幅し，その断片をショート
リードシークエンサーで解読する[10]．単純反復配列はほとんどの生物のゲノム
上にあるので，広汎な生物のゲノミクス解析に活用できる．PCR ベースなので
RAD-seq より微量・低品質な DNA で配列情報を取得することが可能である．
一方で，RAD-seq に比べて得られる SNP の数は少なく，PCR によるデータ
のバイアスが生じる危険性がある．高品質な DNA を扱うことが難しいときに
重宝する手法である．

11.1.4 その他のターゲットシークエンシング

ゲノム多様性解析に用いられるその他のターゲットシークエンシング法を紹
介する．**GRAS-Di** (Genotyping by Random Amplicon Sequencing-Direct)
は，ターゲット配列の取得にランダムプライマーを用いた PCR を用いる方法
である[11]．参照ゲノム配列に依存せず，情報が得られるので簡便かつ低コスト
な技術として注目されている．

Ultra Conserved Element (UCE) は，ヒト，マウス，ラット間で 200 bp 以
上にわたって 100％配列が相同なゲノム領域として，2004 年に報告された[12]．
当初はその機能に注目が集まっていたが，そのきわめて高い保存性から集団ゲ
ノミクス解析のマーカーとしても活用されている．様々な動物群で，同様また

170 | 11 ターゲットシークエンシング

はよく似た基準で UCE 配列が定義されており，参照ゲノム配列がない場合でも，ターゲットキャプチャ法を用いることで効率よく UCE 配列だけを解読することができる．配列の保存性が高いので，集団内の遺伝的多様性よりも，むしろ種間の遺伝的な違いの比較に用いられることが多い．UCE の情報と解析パイプライン等は，データベース (https://www.ultraconserved.org/) にまとめられているので参考にしてほしい．

11.2　Stacks による RAD-seq 解析

　この節では，RAD-seq 解析によく用いられるソフトウェア Stacks (version 2.61) のチュートリアルを実施する．解析に用いるのは，シミュレーションによって作成した *F. yaponesiae* 100 個体分（20 個体／集団）の ddRAD-seq データである．このデータは，EcoRI（切断サイト：G|AATTC）と MseI（切断サイト：T|TAA）という 2 つの制限酵素でゲノムを断片化し，各ゲノム断片の両端 100 bp のペアエンド配列を解読している．各個体あたり約 10,000 リード読んでおり，約 7～8 倍程度のカバレッジである．データは/data/11/rawdata/にある．フォワードリードが FK1_R1.fq.gz，リバースリードが FK1_R2.fq.gz のように名づけられている．

　解析を開始する前に，まず Stacks をインストールする必要がある．Stacks は Conda を用いてインストールすることができる（付録 B 参照）．ここで用いているバージョンは 2.61 である．RAD-seq 解析は，対象種に参照ゲノム配列があるかが非常に重要であり，解析手法・結果に影響する（**図 11.2**）．今回はデータフィルタリングの後，参照ゲノム配列なし・ありの場合の両方の解析法を紹介する．

11.2.1　データのフィルタリング

　Stacks では，`process_radtags` コマンドを用いてデータのフィルタリングを行う．このコマンドを用いることで，クオリティの低いリードや混入しているアダプター配列を取り除くことができる．

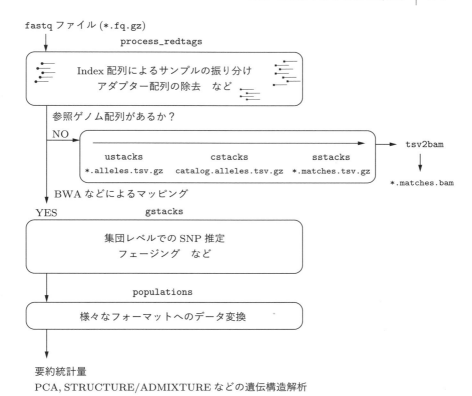

図 11.2 Stacks プログラムのパイプライン．参照ゲノム配列の有無で異なる処理をする必要がある．

```
%process_radtags -P -1 rawdata/SP01_R1.fq.gz -2 rawdata/SP01_R2.fq.gz -o
samples -c -q --renz_1 ecoRI --renz_2 mseI
%mv samples/SP01_R1.1.fq.gz samples/SP01.1.fq.gz
%mv samples/SP01_R2.2.fq.gz samples/SP01.2.fq.gz
```

コマンドを実行すると，samples ディレクトリに SP1_R1.1.fq.gz，SP1_R2.2.fq.gz，SP1_R1.rem.1.fq.gz，SP1_R2.rem.2.fq.gz の 4 つのファイルが作られる．以降の解析のために，ファイル名は，mv コマンドで{#個体名}.1 および{#個体名}.2 の形に変換している．拡張子が.rem である 2 つ

のファイルは，フィルタリングの結果ペアエンドリードの片方が失われたものであり，以降の解析には使用しない．上記の process_radtags コマンドでは，--renz オプションでリード内の制限酵素サイトを認識し，-c オプションでクオリティが低いリードを除去している．この他にもアダプター配列を取り除くオプションなどがあるので，マニュアルを確認して必要に応じて使用してほしい．同じ処理を 100 個体すべてについて実施する必要があるので，下記のようなシェルスクリプトを作成し，自動化する．ここでは，あらかじめ 1 行に 1 つの個体名が記入されたファイル (sample_list.txt) を用意し，それを読み込んで while ループの中で 1 行ずつ処理をしていく．

```
### process_radtag_batch.sh
#!/usr/bin/bash
while read SAMPLE; do
process_radtags -P -1 rawdata/${SAMPLE}_R1.fq.gz -2
rawdata/${SAMPLE}_R2.fq.gz -o samples -c -q --renz_1 ecoRI --renz_2
mseI
mv samples/${SAMPLE}_R1.1.fq.gz samples/${SAMPLE}.1.fq.gz
mv samples/${SAMPLE}_R2.2.fq.gz samples/${SAMPLE}.2.fq.gz
done < sample_list.txt
```

シェルスクリプトの実行は次のコマンドで行う．シェルスクリプト process_radtag_batch.sh と sample_list.txt は/data/11/にもある．

```
%sh process_radtag_batch.sh
```

11.2.2 デノボアセンブル

参照ゲノム配列なしで RAD-seq 解析を実施する場合，まず類似するリードをクラスタリングしなければならない．この作業を**デノボアセンブル** (denovo assemble) とよぶ．RNA-seq で用いられるアセンブルとは若干意味が違うので注意が必要である．本項では，参照ゲノム配列がない場合の Stacks を用いた RAD-seq 解析法を紹介する．フィルタリングしたリードをアセンブルし，SNP を決定した後，種々のファイルフォーマットに変換するまでの流れを概説する．

(1) ustacks

ustacks コマンドでは，同一個体内のフィルタリングしたリードを比較して，個体ごとに類似しているリードをクラスタリングする．そして最尤推定を活用して，クラスタリングした座位ごとに SNP を検出する．ここでクラスタリングされたものを "stacks" とよぶ．

```
%ustacks -t gzfastq -f samples/SP01.1.fq.gz -o denovo_map -i 1 --name SP01
-M 5 -m 3
```

このコマンドでは，入力ファイルとしてフォワードリードだけを使用する．コマンドを実行すると，denovo_map ディレクトリに SP1.alleles.tsv.gz, SP1.snps.tsv.gz, SP1.tags.tsv.gz の 3 つのファイルが作られる（denovo_map ディレクトリが存在しないとエラーが出るのであらかじめ作成しておく）．これらのファイルにはコールされた SNP の情報が入っている．ustacks コマンドでは，-i オプションで個体 ID を指定している（個体ごとに異なった整数値をパラメータとして与えなければいけない）．このコマンドでは，クラスタリングする際のパラメータを調整することができる．いろいろなパラメータを調整できるが，特に結果に大きく影響するのが，クラスタリングの際にリード間でどれだけのミスマッチを許すかを指定するパラメータ M (-M) と，どれだけのカバレージで読んでいるリードを用いるかを指定するパラメータ m (-m) である[14,15]．これらの値は，解析を行う個体ごとに注意深く調整しなければならない．条件を厳しくすると，より信頼性が高い SNP が検出されるが，SNP 数は減るので，データのカバレッジ等を考慮して適切な値を選択するのがいいだろう．ustacks コマンドでも process_radtags コマンドと同様に同じ処理を 100 個体について繰り返す必要がある．すべてのサンプルに対して ustacks 処理を行うスクリプト ustacks_batch.sh は，/data/11/にある．

(2) cstacks

個体ごとの SNP のリストができたので，次に cstack コマンドを用いて個体間で共有されている遺伝座位のカタログを作る．cstack コマンドではインプットデータとして，それぞれの個体がどの集団に属しているかを指定するテ

キストファイル（1列目が個体名，2列目が集団名となった2列からなるファイル．今回は/data/11/にある Popmap.txt というファイルを使う）が必要なので，これを準備しておく．Popmap.txt の例を以下に示す．

```
FK01 FK
FK02 FK
FK03 FK
...
TK18 TK
TK19 TK
TK20 TK
```

```
%cstacks -P denovo_map -M Popmap.txt -n 5
```

このように打ち込むと，denovo_map ディレクトリにある ustacks コマンドの出力ファイルが読み込まれて処理され，同じディレクトリに catalog.alleles.tsv.gz, catalog.snps.tsv.gz, catalog.tags.tsv.gz が作られる．cstack コマンドでもいろいろなパラメータが指定できるが，その中で結果に大きく影響するのは，個体間のクラスタリング結果を比較して，カタログを作る際にミスマッチをいくつ許すかを指定する-n オプションで指定するパラメータ n である．

(3) sstacks

cstacks コマンドの結果をもとに個体・遺伝座位ごとの SNP を決定するのが sstacks コマンドである．cstacks コマンドと同じように，これまでの解析結果ファイルがあるディレクトリと，集団を指定するファイルをインプットデータとして使用する．

```
%sstacks -P denovo_map -M Popmap.txt
```

結果として，denovo_map ディレクトリに個体ごとに matches.tsv.gz を末尾とするファイル（たとえば SP01.matches.tsv.gz）が作られる．

11.2 Stacks による RAD-seq 解析 | 175

(4) tsv2bam

sstacks のアウトプットを bam ファイルに変換し，ペアエンドリードの場合
は2つのリードの情報を統合するのが，tsv2bam コマンドである．

```
%tsv2bam -P denovo_map -M Popmap.txt -R samples
```

このコマンドでは，denovo_map ディレクトリに個体ごとに拡張子 .matches.bam
をもつファイルが作られ，これで個体ごとの SNP が決定される．このコマンド
を動かす際には，インプットデータとなるリードのファイル名が {#個体名}.1，
{#個体名}.2 でなければペアエンドリードが正しく認識されないので注意して
ほしい．

(5) gstacks

最後に，gstacks コマンドで，対象とするサンプルすべての SNP のカタロ
グを作成する．このコマンドでは SNP の一覧を作成し，さらに推定できるハ
プロタイプも決定する．

```
%gstacks -P denovo_map -M Popmap.txt
```

これで denovo_map ディレクトリに catalog.calls, catalog.fa.gz が作ら
れる．ちなみに，ustacks～gstacks までのコマンドは，Stacks に付属する
Perl スクリプト denovo_map.pl で一気に実行することができる．

```
%denovo_map.pl -M 5 -T 5 -o denovo_map --popmap Popmap.txt --samples
samples -paired
```

たとえば上記のように打ち込むと，gstacks までのすべてのコマンドの結果が
denovo_map ディレクトリに作られる．解析に慣れてきてパラメータの数値を
検討したいときには，こちらのスクリプトを使用すると簡便に解析を進めるこ
とができる．

(6) populations

解析の結果決定された SNP を，様々なフォーマットに変換するのが

populations コマンドである．このコマンドは集団遺伝学解析に用いるたいていのソフトウェアの入力フォーマットへの変換を行うことができる．今回は，解析結果を VCF フォーマットに変換してみよう．

```
%populations -P denovo_map --vcf
```

これで，"populations" がファイル名の先頭にくるいくつかのファイルが denovo_map ディレクトリに作られる．--vcf オプションを使用した場合は，ハプロタイプを考慮した vcf ファイルである populations.haps.vcf と，考慮しない populations.snps.vcf が作られるので，用途に応じて適切なファイルを選択して以降の解析に使用する．vcf ファイルを用いた解析の詳細は，第 3 章を参考にしてほしい．

11.2.3 参照ゲノム配列をもとにしたアセンブル

参照ゲノム配列がある場合は，Stacks で解析を始める前に，リードを参照ゲノム配列にマッピングする必要がある（図 11.2）．マッピングに使用するソフトは任意であるが，今回は第 3 章でも利用した BWA を用いた方法を紹介する（BWA と Samtools のインストール方法は第 3 章と付録 B を参照）．

まず，マッピングは次の mem コマンドで行う．ここでマッピングに用いる参照ゲノム配列 yaponesia_reference.fasta は/data/3/にある．ここでは，reference ディレクトリを作成し，そこに配列ファイルとそこから作成したインデックスファイル群（3.3.1 項）をコピーしている．

```
%bwa mem reference/yaponesia_reference.fasta samples/SP01.1.fq.gz samples/
SP01.2.fq.gz > mapping/SP01.sam
```

最初のパラメータで参照ゲノム配列ファイルを指定し，後の 2 つでマッピングに用いるリードファイルを指定している．リードのファイルは，11.2.1 項で作ったフィルタリング済みのものを使用する．これらの指定だけだとマッピング結果が標準出力に表示されるので，">" を使って mapping ディレクトリを指定して SP1.sam ファイルを保存する．Stacks の入力に必要なのはバイナリー

形式の bam ファイルなので，Samtools プログラムを使ってこの sam ファイル
を bam ファイルに変換する必要がある．

```
%samtools view -bS mapping/SP01.sam > mapping/SP01.bam
%samtools sort mapping/SP01.bam -o mapping/SP01.bam
```

　最初のコマンドで sam ファイルを bam ファイルに変換し，その次のコマン
ドで bam ファイル内のリードをソートしている．同じ手順を 100 個体すべて
について実施する．この作業に必要なスクリプトファイル (bwa_batch.sh) は
/data/11/にある．これで，参照ゲノム配列がある場合の Stacks 解析の準備が
整った．

(1)　Stacks による以降の解析

　参照ゲノム配列がある場合の Stacks 解析は，コマンド gstacks からスター
トする．-I オプションに与えるパラメータとして，bam ファイルが入っている
ディレクトリを指定するのが，参照ゲノム配列がない場合との違いである．

```
%gstacks -I mapping/ -M Popmap.txt -O ref_map
```

これで，参照ゲノム配列なしの場合と同様に，ref_map ディレクトリに catalog.
calls, catalog.fa.gz が作られる．後は同じように，populations コマン
ドで適切な形式のファイルに加工する．

```
%populations -P ref_map --vcf
```

ここまでで，参照ゲノム配列ありの場合の SNP の検出も完了した．次項では，
作成した 2 つのデータと全ゲノムを使った解析の結果を比較してみよう．

11.2.4　解析結果の比較

　参照ゲノム配列があるとき，Stacks では比較的安定した結果が得られるが，
参照ゲノム配列がないときは不確定要素が多く，結果が安定しないことがある．

178 | 11 ターゲットシークエンシング

ここでは，参照ゲノム配列ありでの Stacks 解析の結果と，パラメータを変えて参照ゲノム配列なしで Stacks 解析したときの結果を比較してみよう．今回検討するのは，クラスタリングの際にリード間でのミスマッチ数を指定する-M オプション，リードカバレージの閾値を指定する-m オプション，個体間のクラスタリング結果を比較して，カタログを作る際にミスマッチ数を指定する-n オプションで指定する 3 つのパラメータである．それぞれ $M = \{2(\text{default}), 5\}$, $m = \{3(\text{default}), 5\}$, $n = \{1(\text{default}), 5\}$ の 2 つの数値の組み合わせを用いて，合計 8 パターンで SNP の検出と主成分分析を行う．主成分分析の手法の詳細については本書の第 7 章を参考にしてほしい．パラメータの数が小さいほうが，緩い基準で SNP を検出して解析しているといえる．パラメータを調整して SNP を検出すると，**表 11.1** に示す結果のようになる．

表 11.1 リファレンスゲノムなしで異なるパラメータで検出される SNP 数.

M	m	n	SNP 数
2	3	1	3,986
2	3	5	4,027
2	5	1	2,898
2	5	5	2,938
5	3	1	4,018
5	3	5	4,039
5	5	1	2,916
5	5	5	2,951

ちなみに，参照ゲノム配列ありの場合は 2,001 SNP が検出された．参照ゲノム配列なしで解析するほうが SNP 数が増えるので，どうやら存在が怪しい SNP が混じっているようである．パラメータとしてはリードのカバレッジの閾値 (m) が重要であり，これを変えることにより，検出される SNP の数が約 1,000 個程度変化している．

次に主成分分析を行う．主成分分析は，`populations` コマンドで取得した `vcf` ファイルを変換したのち，PLINK を用いる．まずは，`populations` コマンドで得られた `vcf` ファイルを，PLINK へのインプット形式である BED フォーマットに変換する．

11.2 Stacks による RAD-seq 解析 **179**

populations コマンドで書き出された vcf ファイルには，染色体番号を指定するカラムにコンティグの数だけの数字が記入されている．PLINK はこのままのファイルを扱うことができないので，bash コマンドと正規表現を用いて contig という文字列を付け加える．続いて，PLINK コマンドを用いて vcf ファイルを PLINK のインプット形式である bed ファイルに変換する．PLINK はヒトゲノム解析用に開発されたソフトなので，通常は1〜22以外の染色体番号は認識してくれない．これを認識できるように，--allow-extra-chr オプションをコマンドに付加する．

```
%cd denovo_map
%grep -E "^#" populations.snps.vcf > populations.snps.header
%grep -v -E "^#" populations.snps.vcf | sed -e "s/^/contig/g" > temp.vcf
%cat populations.snps.header temp.vcf > populations.snps.2.vcf
%plink --vcf populations.snps.2.vcf --allow-extra-chr --make-bed --out
populations.snps.2
```

これで主成分分析の準備が整った．第7章では smartpca を用いて PCA を行ったが，ここではこれまで何度も使ってきた PLINK を使って PCA を行ってみよう．

```
%plink --bfile populations.snps.2 --allow-extra-chr --pca --out
populations.snps.2
```

PLINK では，--pca オプションを使って PCA を実施することができる．コマンドを打つと populations.snps.2.eigenvec, populations.snps.2.eigenval の2つのファイルが出力される．このうち，populations.snp.2.eigenvec ファイルにそれぞれの個体の主成分の値が記載されているので，これを表計算ソフトや R を用いてプロットする．この処理を様々なパラメータで実施された Stacks 解析の後に繰り返し実施する．それでは，結果を確認しよう．結果のプロットには，第7章で利用した plot_pca.R を改変した plot_pca_stacks.R を実行する．この R スクリプトは/data/11/にある．このスクリプトは denovo_map ディレクトリから実行していることになっているので，それ以外のディレクトリから実行する場合にはパスを変更する必要が

ある.

```
### plot_pca_stacks.R
fn <- "populations.snps.2.eigenvec"
pfn <- "../Popmap.txt"
evec <- read.table(fn)
Pop <- read.table(pfn, col.names=c("Sample", "Pop"))
png("PC1vsPC2.png", width = 600, height = 600)
plot(evec$V3, evec$V4, pch=as.numeric(factor(Pop$Pop)),
col=factor(Pop$Pop), cex=1.8, xlab="PC1", ylab="PC2")
legend("topright", legend=levels(factor(Pop$Pop)),
col=1:length(levels(factor(Pop$Pop))), pch=20)
```

図 11.3 に，参照ゲノム配列ありでの結果を示す．本書の第 7 章に記載されている全ゲノムの SNP データを使った PCA の結果と見比べてほしい．PCA の結果は，全ゲノムデータでも RAD データでもほぼ同じ分布をしているが，RAD データのほうが若干集団内の個体間のばらつきが大きいようである．これは，WGS に比べて，RAD データでは個体間の違いを強調する SNP のデータが割合として多く含まれているからだと解釈できる．参照ゲノム配列があっ

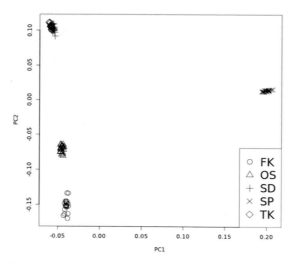

図 11.3　参照ゲノム配列を用いた Stacks 解析の結果から描かれた主成分分析．

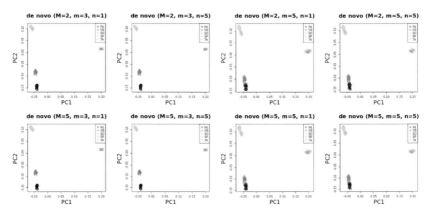

図 11.4　参照ゲノム配列を用いない Stacks 解析の結果から描かれた主成分分析.

ても，このように RAD データでは結果にバイアスが生じることがあるので注意してほしい．次に，参照ゲノム配列なしでの PCA の結果を図 11.4 に示す．

PCA の軸の正負はランダムに決定されるので，図 11.4 では軸の向きをそろえて表示している．全体として，参照ゲノム配列を用いたときと同じような分布になっている．しかし，パラメータの違いは微妙な結果の違いに反映されている．最初にまず目に付くのは，リードのカバレッジの閾値を指定するパラメータ m が小さい場合には，遺伝的に近縁ではあるが別集団である TK 集団と FK 集団がプロット上で重なってしまう点である．また，基準を厳しくした場合は，集団間の違いは明確になるが，集団内の違いが強調されるようで，それぞれの集団のサンプルの分布域が大きくなっている．このような違いは，SNP 同定後に実施する様々な集団遺伝学的解析の結果に影響するだろう．実際に RAD データでの解析を行う場合は，このようにパラメータの微妙な違いが結果に影響することに留意して，条件を検討しながら解析を進めることをお勧めする．

最後に，シミュレーションデータではなく，実際の実験データを用いて RAD 解析を進めるときの注意点を書き留めておく．今回はシミュレーションデータを用いたのですべての SNP のジェノタイピング情報が使えたが，実際にデノボアセンブリで RAD 解析する際には，SNP の欠損値をどう扱うかに悩まされることが多い．特に対象とする生物のゲノムサイズが大きく，十分なリードの

カバレッジが得られないときにこの問題は顕著である．多くの欠損値を許せば解析結果の信頼性が大きく揺らぐが，欠損値を許す基準を厳しくすると解析に使える SNP の数が減ってしまう．これについても慎重に条件を検討しつつ解析を進めてほしい．また，データ量が多くなるとデノボアセンブリでは解析に大容量のメモリーが必要になってくる．手持ちのパソコンのスペックが不十分なときは，適宜クラスターマシーンやスパコンを使って解析する必要がある．

参考文献

[1] Bamshad, M. J., et al., *Exome sequencing as a tool for Mendelian disease gene discovery.* Nature Reviews Genetics, 2011. **12**(11): pp. 745–755.

[2] Ng, S. B., et al., *Targeted capture and massively parallel sequencing of 12 human exomes.* Nature, 2009. **461**(7261): pp. 272–276.

[3] Ng, S. B., et al., *Exome sequencing identifies the cause of a mendelian disorder.* Nature Genetics, 2010. **42**(1): pp. 30–35.

[4] Baird, N. A., et al., *Rapid SNP discovery and genetic mapping using sequenced RAD markers.* PLoS ONE, 2008. **3**(10): p. e3376.

[5] Hohenlohe, P. A., et al., *Population genomics of parallel adaptation in threespine stickleback using sequenced RAD tags.* PLoS Genetics, 2010. **6**(2): p. e1000862.

[6] Andrews, K. R., et al., *Harnessing the power of RADseq for ecological and evolutionary genomics.* Nature Reviews Genetics, 2016. **17**(2): pp. 81–92.

[7] Peterson, B. K., et al., *Double digest RADseq: An inexpensive method for de novo SNP discovery and genotyping in model and non-model species.* PLoS ONE, 2012. **7**(5): p. e37135.

[8] Rochette, N. C. and J. M. Catchen, *Deriving genotypes from RAD-seq short-read data using Stacks.* Nature Protocols, 2017. **12**(12): pp. 2640–2659.

[9] Eaton, D. A. R. and I. Overcast, *ipyrad: Interactive assembly and analysis of RADseq datasets.* Bioinformatics, 2020. **36**(8): pp. 2592–2594.

[10] Suyama, Y. and Y. Matsuki, *MIG-seq: An effective PCR-based method for genome-wide single-nucleotide polymorphism genotyping using the next-generation sequencing platform.* Scientific Reports, 2015. **5**: p. 16963.

[11] Hosoya, S., et al., *Random PCR-based genotyping by sequencing technology GRAS-Di (genotyping by random amplicon sequencing, direct) reveals genetic structure of mangrove fishes.* Molecular Ecology Resources, 2019. **19**(5): pp. 1153–1163.

[12] Bejerano, G., et al., *Ultraconserved elements in the human genome.* Science, 2004. **304**(5675): pp. 1321–1325.

[13] Sabeti, P. C., et al., *Genome-wide detection and characterization of positive selection in human populations.* Nature, 2007. **449**(7164): pp. 913–918.

[14] Davey, J. W., et al., *Special features of RAD sequencing data: Implications for*

genotyping. Molecular Ecology, 2013. **22**(11): pp. 3151–3164.

[15] Mastretta-Yanes, A., et al., *Restriction site-associated DNA sequencing, genotyping error estimation and de novo assembly optimization for population genetic inference.* Molecular Ecology Resources, 2015. **15**(1): pp. 28–41.

Chapter

12

分岐年代の推定

12.1　分岐年代の推定とは

　本書では，集団から得られたゲノムデータを使って，集団構造・集団サイズの推定や，自然選択の検出など，多岐にわたる解析について紹介してきた．しかし，このような研究に興味をもって読み進めてきた読者には，1つ物足りないことがあるかもしれない．分岐年代の推定である．本書が扱う範囲においては，1つの種の集団がいつ頃分岐したのか，2つの近縁種がいつ頃種分化したのか，という問題になる．この問題は生物の歴史を扱ううえで非常に重要な問題にもかかわらず，本書ではあえて深く触れないでいた．その理由は，一言でいうと「非常に難しい」問題であり，データを解析しながら基本的な考えを学んでいくという本書の方針に沿うことが難しかったからである．また，その難しさを理解するには少々発展的な内容について触れざるを得ない．

　しかし，集団間の分岐年代の推定が，大きな誤解もともないつつ繰り返されてきたことを踏まえると，ここで分岐年代推定の問題に対して口を閉ざすのもふさわしい態度ではないだろう．本章では，これらの誤解を紐解きつつ，多くの困難があることを理解したうえで，どのような手法を使って分岐年代の推定が行えるかについて，原理の紹介を中心に行い，本書の締めくくりとしたい．幸いにも，近年のデータ解析技術の発展や基礎的なデータの充実によって，いくつかの有効な手法が開発されてきている．実際に分岐年代の推定を行う場合には，本章の内容を参考にしながら，実際のソフトウェアの論文やチュートリアルにあたりながら解析を行ってほしい．

12.2　集団の分岐年代推定はなぜ難しいのか

　分子データを用いて進化解析を行う際にもっとも最初に学習するのは**分子進化の中立説** (neutral theory of molecular evolution) であり，**分子時計** (molecular clock) の考え方である [1,2]．集団中に変異が固定する速度が集団サイズによらず，突然変異によってのみ決まるという説は単純で美しく，異なった生物種がどのくらい昔に分岐したのかについて多くの情報を提供してきた．ゲノム情報と進化とを強く結び付けてきたのは，まぎれもなく分子進化の中立説である．

　一方，すでに第 1 章で触れたが，ミトコンドリアを用いた系統地理学も大きな発展を見せ，数多くの研究が行われてきた．ミトコンドリアゲノムは多くの生物で組換えを起こさないので，得られた結果の解釈が比較的容易である．また，細胞に含まれる DNA 量も多く，多数の個体を解析することも比較的容易なため，多数個体のミトコンドリアゲノム配列を決定し，集団間の分岐年代を推定するという試みは現在でも非常に多く行われている．

　上記のような歴史的な理由があり，分子データを用いた分岐年代の推定は比較的やさしい部類に入ると勘違いをされることが多い．しかし，すでに述べたとおり，核ゲノムデータを用いた分岐年代推定は一般的に難しい．なぜだろうか．以下，いくつかの理由を挙げて考察していく．

12.2.1　遺子と集団の系図の不一致

　もっとも大きな理由の 1 つは，「集団の歴史と遺伝子の歴史は必ずしも一致しない」という事実である．ここで，集団中の遺伝子（ハプロタイプ）の祖先関係を表す**遺伝子系図**と種間の系統関係を表す**系統樹** (phylogenetic tree) の 2 つを区別することを覚えよう．それぞれを遺伝子の系図 (gene tree)，種の系図 (species tree) としてもよい．前者では，系図というものは祖先から実際に起こった遺伝子の受け渡しが系図として表されている．一方，後者では種という 1 つの遺伝集団が種分化を経て多様化していく過程が系統樹として表されている（両者の違いは第 7 章でも詳しく説明している）．一般に，後者では集団中に固定した変異（置換）だけを考えて系統関係を推定していく．2 つの系図の違いについて示したのが**図 12.1**(a) である．比較的よい正確度で推定することの

12 分岐年代の推定

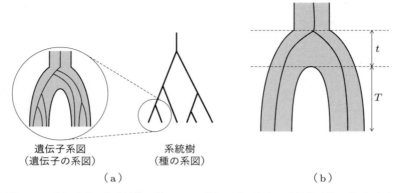

図 12.1 遺伝子系図と系統樹の違い．(a) 遺伝子系図を左，系統樹（種の系図）を右側に示した．系統樹の丸で囲んだ部分を拡大したものが左の◯に対応している．(b) 種の分岐時間と遺伝子の分岐時間の違い．遺伝子流動がない場合，遺伝子の分岐時間は種の分岐時間 T に祖先集団での合祖時間 t を足し合わせたものとなる．

できる系統樹に対し，低い突然変異率と組換えのために，遺伝子系図は直接観察できないことが多い．

これらの 2 つの混同が様々な場面で見られている．通常，ある集団からサンプリングしたハプロタイプどうしは，組換えの影響を無視すると，比較的遠い過去に共通祖先をもつ．集団サイズが時間によらず一定 ($2N$) の場合，集団からランダムに抽出したハプロタイプが共通祖先をもつまでにかかる世代数は，平均 $2N$ の指数分布で近似することができる (8.1.2 項参照)．分岐してから T 世代経った集団からそれぞれハプロタイプをサンプリングした場合，2 つのハプロタイプが共通祖先をもつまでの時間の期待値は，祖先集団における合祖時間の期待値を t とすると $T+t$ と表すことができる（図 12.1(b)）．ここで，祖先集団の集団サイズを N_a とすると，t の期待値は $2N_a$ であるから，合祖時間の期待値は $T+2N_a$ 世代となる．突然変異率を世代あたり μ と仮定すると，2 つのハプロタイプの間の進化距離は，この値に 2μ をかけて $2T\mu + 4N_a\mu$ となる．分子進化の中立説の教科書で習う 2 種の進化距離の期待値は $2T\mu$ であるから（多くの場合 μ は年あたりの突然変異率が使われる．年あたりと世代あたりの突然変異率の違いについては後で詳しく触れる），$4N_a\mu$ だけ過少推定して

いることになる．たとえば，ヒトを含む哺乳類の多くでは μ は 10^{-8}〜10^{-9} の
オーダーであり，N は 10^4〜10^6 程度である．したがって，T が十分に大きい，
たとえば集団間の平均的な遺伝的な違いが塩基配列で 10%以上観察されるよう
な集団間では，$4N_a\mu$ の部分は相対的に無視できるほど小さいので問題にはな
らない．ところが，集団間の平均的な遺伝的な違いが塩基配列で 1%程度の集
団間では，$4N_a\mu$ の部分は無視できなくなる．この $4N_a\mu$ の部分を現在の集団
の遺伝的多様性によって近似し，集団間の合祖時間（進化距離）から引くこと
によって集団の遺伝距離を推定する方法が純塩基置換数になる（7.2.1 項）[3]．
また，ゲノム上の独立した多数の座位の配列を調べることにより，座位ごとの
合祖時間の分布を考え，そこから N_a を推定する手法も存在する[4,5]．しかし，
これらの単純な方法は 2 集団のときはそれなりにはたらくものの，解析する集
団が多くなってくると，そのまま適用することは難しくなってくる．

2 つに分岐した後のそれぞれの集団のサイズが大きい場合，または集団が分
岐してからさほど時間がたっていない場合もある．この場合，集団内から得ら
れたハプロタイプどうしの合祖が起こる前に，異なった集団のハプロタイプど
うしが合祖する可能性がある[†]．この場合も，結局は祖先集団内で合祖が起こる
期待値は祖先集団のサイズ N_a に依存するので，2 つの配列の違いの期待値は
$2T\mu + 4N_a\mu$ となる．

多くのミトコンドリアゲノムを用いた分岐年代推定では，祖先集団における
合祖時間は無視されることが多い．一般的な真核生物においては，ミトコンド
リアゲノムは母系遺伝するので，その有効集団サイズは $(1/2)N_a$ となり，核ゲ
ノムの有効集団サイズの 1/4 となる．この場合，祖先集団での合祖時間の期待
値も $N_a\mu$ となる．したがって，分岐時間に与える相対的な影響は小さくなる．
しかし，無視できるほど影響が小さいかどうかは場合によるので注意が必要であ
る．急激なボトルネックを経て集団が急速に分化したといった場合には，$N_a\mu$
の値は無視できるほどに小さくなるかもしれないが，ミトコンドリアのゲノム
の分岐年代は実際の集団の分岐年代よりも常に古く見積もられることは頭に入
れておく必要があるだろう．

[†] 不完全な系統仕分け (incomplete lineage sorting) とよばれる．

12.2.2　突然変異率および世代時間推定値の不確かさ

　突然変異率や世代時間の推定の不確かさも，集団の分岐年代の推定に困難さを与える．一般的な分子進化の手法では，化石などの証拠により分岐年代がはっきりしている生物種を用いて分子時計のキャリブレーション（調整またはスケーリング）が行われることが多い．多くの場合，年あたりの突然変異率が用いられる．また，分子進化速度が系統によって変化するというモデルも取り入れられ，時間とともにどのようなパターンで変化するかなど，様々なモデルが考案されている．

　集団遺伝学モデルを用いた分岐年代の推定では，世代あたりの突然変異が用いられることが一般的である．なぜなら，多くの集団遺伝学の理論は Wright–Fisher モデルをもとに構築されているからである．Wright–Fisher モデルは，ある世代の個体が一斉に次の世代に遺伝子を伝え，消滅するモデルである．したがって，世代がすべての単位となって理論が構築されている．すなわち，集団遺伝学モデルを用いて年代推定を行った場合の出力結果は，常に 100 世代前や 1,000 世代前といった値となる．

　これを現実的な時間軸に変換するには，世代時間というものを仮定しなければいけない．これがやっかいである．世代時間とは，親が子供を残し，その子がまた次の子を生み出すまでの平均的な時間である．8.2 節ですでに解説したが，一年生植物や必ず卵で冬眠する小型動物などの特殊な例を除き，世代時間の正確な推定は非常に難しい．たとえば，生まれてから 1 年目に子供を産む動物の世代時間は，もし子供を産んだ後に親が必ず死ぬのであれば 1 年であるが，次の年にも子供を産むことが期待されている場合は 1 年より長くなる．また，生存期間や交配時期の雌雄差などにも影響を受ける．世代時間は環境によっても変化するので，正確な値は多くの場合不明である．世代時間の推定値が真の値の倍であれば，分岐時間は 2 倍に過大推定されてしまうし，真の値の半分であれば，分岐時間は半分に過少推定されてしまう．年あたりの突然変異率が推定されている場合は，そこから逆算して世代あたりの突然変異率を推定することが可能である．ただし，その場合も結局世代時間の推定値が正確な突然変異率推定には重要となってくる．

世代あたりの突然変異率については，親子のゲノムシークエンスデータを決定することによって直接決定することが可能である．系統化された生物やヒトのように多くの研究が行われている生物においては，変異蓄積系統や親子のゲノムシークエンスから突然変異率推定が可能だろう[6-8]．ただし，系統化された生物の突然変異率が野生のものと同じである保証はどこにもないので，注意は必要である．

以上のように，ざっくりとした化石証拠が突然変異率のキャリブレーションに使える分子系統解析と異なり，集団の分岐年代推定には多くの問題が付きまとう．筆者らが解析を行っている野生ハツカネズミ (*Mus musculus*) の例を紹介しよう．野生ハツカネズミは大きく3つの亜種に分かれるとされているが，その分岐年代の推定値は研究によって18万年前から50万年前と幅広い．世代あたりの突然変異率は，実験系統のゲノム解析によっておよそ5.7×10^{-9}と推定されており，他の哺乳類での値と比較しても，この推定値は比較的信頼できるものと思われる[9]．一方，世代時間については，1世代0.5年，1年，1.5年，2年と異なった研究者が異なった値を提案しており，それによって異なった分岐年代の推定値が提唱されている[10-13]．加えて，仮定する世代時間や突然変異率だけではなく，推定に用いられるデータや統計手法なども研究によって大きく異なるため，何が原因で異なった推定値が得られているのかについては明確ではない．少なくとも，論文などの発表においては，「この世代時間，この突然変異率を仮定すると分岐年代はこれくらいだった」と明確に記載し，他の値を使った場合には容易に変換ができるような配慮が必要だろう．

12.2.3 遺伝子流動

集団間の**遺伝子流動** (gene flow) は，集団の分岐年代推定における本質的な問題である．種内の多様性における集団とは，その中では任意交配が行われていることが暗黙の了解として認識されているが，その他の集団と完全に隔離されている必要はない．多くの集団は，ある程度の移住をともなって遺伝的につながっている．また，一般的に別種とされている集団の間にも遺伝子流動が起こることが多くの例から明らかになっている[14,15]．一般に，異なった集団は

時間とともに分化し，最終的に交配不可能な状態にまで分化していく可能性がある．地理的隔離および生殖隔離は 2 つの集団の分化を早めることが期待される．本書はこれらの議論については深入りしないが，日本語での教科書として北野潤著「生態遺伝学入門」などで学習するとよいだろう[16]．

　ここで問題なのは，たとえば火山噴火による島形成など突然の天変地異により地理的な隔離が急速に起こったのでもない限り，種分化は徐々に進行していくだろうということである．集団間に移住が起こりながら徐々に集団が分化していき，最終的に種分化が起こるといったシナリオのもとでは，どの時点で集団が本当に分かれたのかを決定するのは不可能である．たとえば，2 集団の場合，2 集団から得られたハプロタイプの合祖時間の分布は，集団の分岐後に起こった遺伝子流動により，片方の集団内で合祖することによるものと，祖先集団での合祖によるものと両方が存在する（図 12.2）．統計的手法によりこれらの分岐時間を明確に区別することは，非常に難しいことがわかるだろう．また，遺伝子流動率が時間あたり一定だったのか，時間とともに変化したのか，集団の混合が起こったのか，などの仮定によっても推定される分岐時間は大きく異なってくる．したがって，集団の分岐年代は，ある集団動態モデルを仮定した場合に得られる推定値，程度に思っておいたほうが無難だろう．

　一方，明確な集団動態モデルを仮定せず，より操作的に集団の分岐年代を定

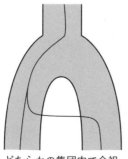 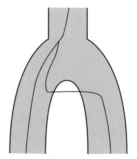

どちらかの集団内で合祖　　　　祖先集団内で合祖

図 12.2　遺伝子流動があったときの合祖パターン．左は遺伝子流動があり片方の集団内で合祖があった場合，右は遺伝子流動があり祖先集団内で合祖があった場合．それぞれがとる確率と，合祖時間の期待値は異なっている．

義する**相対的交差合祖率** (relative Cross Coalescent Rate, rCCR) を用いる方法なども存在するので，必要に応じてそのような方法も利用しよう．相対的交差合祖率については 12.4.4 項で説明する．

12.3 分岐年代推定に必要なデータ

本節では，どのようなデータが集団の分岐時間を推定するのに必要かについて見ていこう．

12.3.1 集団遺伝学モデルのスケール

集団遺伝学のモデルにおけるもっとも基本的な**集団変異率**を考えてみよう（6.2.1 項参照）．集団変異率 θ は，$4N\mu$ で近似される値で，集団遺伝学の様々な理論式に現れるものである．もっともよく使われるところでは，集団内から取り出した塩基配列ハプロタイプ間の平均的な相違の割合，**塩基多様度**として推定される値である．ここで，集団変異率の値は集団サイズ N と突然変異率 μ の掛け算であることに注目しよう．一般的な集団遺伝学のモデルでは，この N と μ は不可分な変数となっており，どちらかが明らかにならない限りはもう一方の値はわからないようになっている．たとえば，塩基多様度をサンプルから計算した後に μ の推定値を得ることができれば，そこから N を知ることができるといった具合である．通常，N は有効集団サイズという理想的な集団を仮定したときの集団サイズを表すので，直接観察することはできない（第 8 章参照）．

同様のことが集団の歴史を探るときにも起こりうる．集団内での遺伝的浮動の速さや**合祖率** (coalescence rate) は，集団サイズによって決定される．したがって，集団の分岐時間は N に対する相対的な量によって決まる．たとえば，それぞれ 1,000 のサイズをもつ集団が 2,000 世代前に分岐したとしよう．このとき，サンプル間の遺伝子系図のパターンは，それぞれ 10,000 のサイズをもつ集団が 20,000 世代前に分岐した場合と区別がつかない．したがって，多くの集団遺伝学の理論では，世代時間 t は常に N で基準化された値として表現されることが多い．

12 分岐年代の推定

このスケールを確定させるためには，突然変異率の推定値が不可欠となってくる．簡単に説明すると，突然変異率がわかれば N がわかり，N がわかると t がわかるといった具合である．

12.3.2 突然変異率の分母

一般的なゲノム多様性解析においては，突然変異率は DNA の塩基配列のサイトあたりの突然変異率を考える．一般的な分子系統解析の場合，ある範囲の配列すべてを解読するために，どのサイトに置換が起こっておらず，どのサイトに置換が起こったのかを判定することは容易である．最も基本的な進化距離である配列間の相違数 (p-distance) を考えてみよう．p-distance は解析した置換のあったサイト数をすべての解析サイト数で割ることによって得られる．

ところが，一般的なゲノム多様性解析のパイプラインにおいては，SNP のあるサイトだけが vcf ファイルに出力される．すなわち，出力ファイルに現れなかったサイトに変異が同定できなかったことはわかるが，それらのサイトに本当に変異がなかったのか（参照型の単型的なサイトだったのか），それとも単に技術的な問題で読むことができなかったのかを知ることができない．また，マッピングに利用した参照ゲノム配列に，未決定部分（N で表される配列）がある場合も往々にして存在する．したがって，p-distance を計算するときに使用した式の分母の値（総サイト数）がわからない状態であるといえる．これでは分岐年代を推定することができない．つまり，上記の集団遺伝学モデルのスケールを決定することができない．

この問題を克服するためには，変異がなかったと推定できるサイトの数を調べなければならない．スタンダードな方法はまだ確立していないが，大きく分けると 2 つの方法が考えられるだろう．

(1) 得られたすべてのサイトをジェノタイピングする

一番単純な方法である．たとえば，本書で繰り返し使われている GATK の HaplotypeCaller では，オプション --all-sites を用いることにより，変異のあるサイトだけではなく，すべてのサイトの遺伝子型を出力する．一般に，変異のないサイトの遺伝子型は 0/0 として出力され，遺伝子型が決まらなかったサ

イトの遺伝子型は./.で出力される．ただし，バージョン 4.6 以前の GATK では，サイトのカバレッジが 0 であっても遺伝子型 0/0 が出力される仕様になっており，自分で修正する必要があるので注意しよう[17]．

この方法は単純ではあるが，確実に変異のなかったサイトを同定することができる．欠点としては，変異のなかったサイトをすべて vcf ファイルに記録しておくため，データサイズが膨大になることと，すべてのサイトをジェノタイピングするのにかなり長い時間がかかることだろう．比較的小さいゲノムをもち，サンプルサイズが小さい場合はこの方法が有効である．また，RAD-seq のようにゲノムの一部を読むような方法の場合は，リードがマッピングされた領域すべてのサイトのジェノタイピングをしてもよいだろう．

(2) ジェノタイピングできたサイト数を推定する

この方法は汎用的でもあり，ジェノタイピングされた SNP から偽陽性を排除するためにも役に立つ．基本的には「サイトのカバレッジが一定範囲に収まり，反復配列の一部でもないサイトはきちんと読めている」と考える．ヒト 1000 人ゲノム計画では，accessible mask とよばれるデータセットを提供している．その基準は以下のとおりである[18]．

(a) サイトごとにすべてのサンプルのカバレッジの合計を計算し，すべてのサイトの平均を計算する．この平均値の 50%～200%の範囲にカバレッジが入らないサイトは除外する．

(b) あるサイトにおいて，マッピングされるリードの 20%以上においてマッピングクオリティが 0 である場合は，そのサイトは解析から除外する．

これら 2 つの基準により，ヒト参照ゲノム配列 GRCh38 においては，89.0%のサイトがきちんと読めた（アクセス可能な）サイトとして同定されている．ヒト 1000 人ゲノム計画のデータでは GRCh38 の N ではないサイトの 94.0%がアクセス可能と判断されている．ヒトゲノムの解析を行う場合は，利用する参照ゲノム配列に対応した accessible mask をダウンロードして利用するとよいだろう[19]．ゲノムの約 9 割のサイトだけがきちんと読めたと考えると，ゲノム配列の長さを分母に使うときと比べて，変異量は 1 割程増加することが期待され

る．この差を大きいととらえるか小さいととらえるかは扱うデータによって変わってくるだろう．この程度の誤差を気にしないのであれば，全ゲノム解析の場合は，N ではないゲノム配列の長さを解析サイト数としてしまってもよいだろう．

ヒト以外のゲノムを解析する場合はどのようにしたらよいだろうか．ここでは，基準 (a) を**アクセシビリティフィルター** (accessibility filter)，基準 (b) を**マッパビリティフィルター** (mappability filter) とよぼう．マッパビリティとは，繰り返し領域などではなく，ゲノム上でユニークな領域であることを示す指標である．アクセシビリティフィルターは bcftools の mpileup コマンドなどを用いて作成が可能である．たとえば，次のコマンド例では，ディレクトリ内にあるすべての bam ファイルを読み込み，ゲノム上のすべてのサイトについて，ジェノタイピングを行わずに vcf ファイル yaponesia.mpileup.vcf を作成する．ファイルあたりの最大カバレッジは 1,000 に制限する．

```
%ls *.bam | xargs bcftools mpileup -f reference.fasta -d 1000 -Oz -o
yaponesia.mpileup.vcf
```

このファイルのカバレッジ情報は，bcftools を用いることで取り出し可能である．次のコマンドは，bcftools stats と -d オプションを用いて，vcf ファイルのカバレッジを，最小値 0，最大値 10,000 まで 1 刻みに出力するものである．

```
%bcftools stats yaponesia.mpileup.vcf.gz -d 0,10000,1 > yaponesia.mpileup.
stats.txt
```

結果の yaponesia.mpilup.stats.txt をテキストエディタで開き，カバレッジの度数分布が示された場所を見つける．カバレッジは，samtools depth コマンドを用い，bam ファイルから直接計算することも可能である．たとえば，次のコマンドは 20 番染色体のカバレッジの平均値を標準出力に打ち出す．

```
%samtools depth -r 20 {入力 bam ファイル} | awk '{sum += $3} END {print sum
/ NR}'
```

　また，最低カバレッジ$LOW，最小カバレッジ$HIGH の範囲に入るサイトだけ
を抜き出したい場合は，同じく bcftools を使って，次の filter コマンドで抽
出が可能である．

```
%bcftools filter -e "'INFO/DP<=$LOW || INFO/DP>=$HIGH || INFO/DP=¥"¥.¥"'"
yaponesia.mpileup.vcf.gz -o yaponesia.mpileup.accesible.vcf.gz
```

　フィルターされた vcf ファイルが yaponesia.mpileup.accesible.vcf.gz
に書き出される．bcftools を用いて bed ファイルに変換するには，次の query
コマンドを使う．

```
%bcftools query yaponesia.mpileup.vcf.gz -f'%CHROM\t%POS0\t%END\t%ID\n' >
yaponesia.accesible.bed
```

　また，マッパビリティフィルターを作成できるソフトウェアとして，Gen-
map[20] や SNPable[21] がある．Genmap では，あるサイトから始まる k 個の
塩基配列の並び (k-mer) が e 個のミスマッチを許したときに何回ゲノム中に現
れるかを計算し，その逆数をスコアとして出力する．スコアが 1 であるという
ことは，その条件で，そのサイトから始まる k-mer がゲノムの中でユニークで
あるということである．k-mer の k が小さいほど，e が大きいほど条件に当ては
まるサイト数が多くなると考えられるので，より厳しい条件となる．出力ファ
イルの 1 つに BED フォーマットのファイルがあるので，一定以下のマッパビ
リティをもつサイトを解析から除外することができる．
　解析から除外するサイトや含めたいサイトのリストを BED フォーマットの
ファイルとして準備しておくと，bcftools や VCFtools を用いて，vcf ファイル
からのサイト抽出が可能である．これらのフィルタリングは解析の種類によっ
ては結果にほとんど影響を与えない可能性があるが，データやゲノム，または
用いる解析の種類によっては重要となることもあるので，適宜考慮するとよい

196 12 分岐年代の推定

だろう.

12.4 分岐年代推定の方法

12.2 節では,集団レベルの解析における分岐年代推定の難しさについて解説した.とはいえ,生物集団がどれくらい昔に分かれたのかという情報は非常に重要な情報であり,ゲノム多様性解析を行った場合には全員がもつ疑問であろう.すでに述べたように,単純に集団間の塩基配列の違いを平均するような方法では,集団の分岐年代は導き出せないことを学んだ.したがって,集団の分岐年代推定には少なからず集団レベルでの進化モデルを仮定しながら,祖先集団のサイズ,分岐年代,遺伝子流動の度合いを同時に推定する必要がある.本節では,どのような原理によってこれらの推定が行われるかを手法ごとに解説し,その道筋や適用可能なデータ形式について示したい.

その前に,これらの方法で推定できるものは一体何であるのか,いったん整理しておきたい.過去に起こった集団サイズの変化,集団間の分岐年代や分岐の順序,さらに集団間の移住率や混合の様式のことをひっくるめて,**集団動態モデル**などとよんだりする(10.1 節).他にも様々な名称が存在するが,それらの例を**図 12.3** に示す.第 6 章で扱った SNM(集団サイズが一定で集団構造も自然選択がない場合のモデル)も集団動態モデルの 1 つである(図 12.3(a)).一般的な分子系統樹はサンプルのトポロジー(系統樹上の位置関係)と枝の長さによって決定されるが,集団遺伝学のモデルにおいては,集団の分岐時間と分岐の順番だけでなく,集団サイズとその変化や集団間の移住率などのパラメータによって決定される.また,いったん分かれた集団が再び合流するといったことも起こりうる.種(または集団)の分岐関係を含むこれら多数のパラメータのセットを Θ として話を進めよう.集団の分岐年代を含む歴史を推定するということは,Θ を推定することに他ならない[†].

ここで 1 点,注意しなければいけないことがある.それは「観察データは集団動態モデルを推定するのに十分な量と質をもっているかどうか」ということ

[†] 集団動態モデル自体を Θ の一部とする考え方もある.

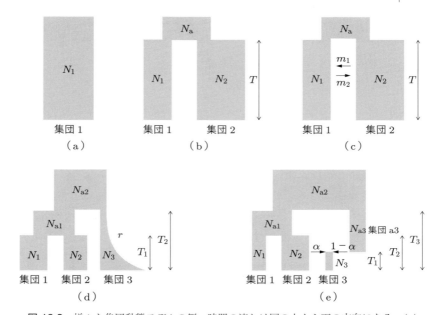

図 12.3 様々な集団動態モデルの例．時間の流れは図の上から下の方向になる．(a) 標準中立モデル (SNM)．推定するパラメータは集団サイズ N_1 だけである．(b) 2 つの集団が T 世代前に分かれたモデル．推定するパラメータ数は集団サイズ 3 つ，分岐時間 1 つの合計 4 つである．(c) さらに双方向の移住を加えたモデル．移住率が集団間で異なり時間あたり一定と仮定すると，2 つのパラメータ m_1 と m_2 がさらに推定される．(d) 3 集団の分岐モデル．推定するパラメータは集団サイズ 5 つ，分岐時間 2 つ，さらにこの例では集団 3 が分岐後に増加率 r で指数的に増加したと仮定している．したがって推定すべきパラメータは 8 つである．(e) 混合モデル．集団 3 は時間 T_1 で，集団 2 より α，集団 a3 より $1-\alpha$ の割合で混合をして成立している．推定するパラメータ数は 10 である．集団 a3 のように，何らかの理由でサンプルされていない，またはすでに絶滅したが現代の集団に遺伝的影響を与えている集団をゴースト集団とよぶ．

である．たとえば，図 12.3(b) のような 2 集団の分岐の推定であれば，比較的小さいサンプルサイズ，極端にいうとそれぞれの集団から 1 個体ずつをサンプリングするだけで，ある程度の推定値を得ることができる．一方，遺伝子流動を考慮した図 12.3(c) のような場合には，ある程度のサンプルサイズと，数百座位のデータが必要になってくる．図 12.3(d) のように，より最近の集団サイズの変化を考慮したモデルにおいては，少なくとも最近の集団サイズの変化を

経験した集団3については，かなり大きなサンプルサイズが必要になってくる．最近の集団サイズの増加は頻度の低い変異に現れるため，それらの希な変異を検出するための大きなサンプルサイズが必要だからである．推定値を得るだけで満足するのではなく，推定値の誤差について常に注意深くなる必要があるだろう．

12.4.1 完全尤度を用いる方法

観察されたデータ D を用いて Θ を推定することを考えてみよう．遺伝子系図 G は，ある集団人口モデル Θ のもとで実現しうる系図であるとする．起こりうるすべての遺伝子系図のセットを Ψ とすると，ある集団動態モデル Θ のもとでデータを観察する尤度 $P(D|\Theta)$ は，次式で求めることができる[22]．

$$P(D|\Theta) = \int_{\psi} P(D|G)P(G|\Theta)dG \tag{12.1}$$

$P(D|G)$ は，遺伝子系図が与えられたときにデータを観察する確率で，一般的分子系統樹作成に用いられる系統樹の尤度と同様に計算可能であるが，方法によっては必ずしも計算が必要ではない．この式を起点として，**マルコフ連鎖モンテカルロ** (Markov Chain Monte Carlo, MCMC) **法**などを用いて Θ の事後分布を推定する方法が，**完全尤度** (full likelihood) を用いる方法に分類される．

IMa は，集団が分岐した後に一定の移住率で遺伝子を交換するモデルを仮定し，集団サイズ，分岐年代，移住率を推定するソフトウェアで，IMa3 が最新版である[23,24]．組換えのない 100 座位程度のゲノム多型データから，集団動態モデルを推定することが可能である．集団サイズは，種分化が起こったときにだけ変化するということが前提となっている．また，すでに絶滅したもしくはサンプルされていない**ゴースト集団** (ghost population) を仮定することも可能である．

BPP というソフトウェアでは，集団動態モデルのパラメータと，それに制約される遺伝子系図のパラメータを同時に変更する過程を加えることにより，1,000 座位以上のより多くの座位を含んだデータを用いて推定を行うことが可

能である[25]. IMa と同じく座位内での組換えは考慮しない. また, 集団サイズは種分化のときを除いて変化せず, 集団間の遺伝子流動も考慮しない. 一方, 集団の混合を含めた複雑な系統関係のモデルを考慮することができる. どちらかというと, 集団内の個体をたくさん解析するのではなく, ある程度の数の個体を各集団・種からサンプリングし, それらの集団・種の関係性を見るために用いられることが多い.

BEAST*に実装されている SNAPP は, 連鎖していない (独立な) バイアレリックな SNP データを用いて集団人口モデルを推定する[26]. このとき, IMa や BPP のように遺伝子系図を直接サンプリングせずに尤度を計算し, 集団間の移住は考慮しない. 多数の遺伝子系図の重ね合わせで集団の関係を可視化することもできる.

12.4.2 複合尤度を用いた方法

完全尤度を用いる方法に対して, より簡便な**複合尤度** (10.3.3 項) を用いる方法がいくつか提案されている. この場合の複合尤度とは, 第 6 章で登場した SFS を用いて計算するものを指している. ある集団人口モデルにおいて, i 個の派生型アレルが存在するサイトの数の期待値を導出し, ポアソン過程を考慮することで観察値を得る確率 (尤度) を p_i とする. 複合尤度 CL は単純に, それぞれのサイトが独立だと仮定してこれらの尤度を掛け合わせたもので, 次式で定義される.

$$CL = \prod_{i=0}^{n} p_i \tag{12.2}$$

集団が 1 つの場合, 集団サイズの推定やボトルネックなどの時間的な変化を推定することが可能である. また, 2 集団以上の場合は, 2 次元以上の**結合サイト頻度スペクトラム** (Joint Site Frequency Spectrum, JSFS) の期待値と観察値を比較することによって, Θ の推定が可能である. JSFS の例を**図 12.4** に示す.

推定の方法は, 拡散方程式を用いて前向きに期待値を計算する方法と, 合祖シミュレーションを用いて後ろ向きに期待値を計算する方法がある. 前者でよく使

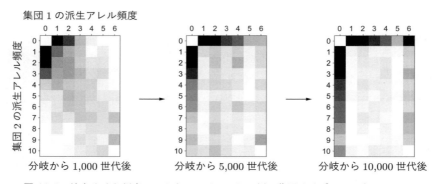

図 12.4 結合サイト頻度スペクトラム (JSFS) の例. 集団サイズ 5,000 と 1,500 の 2 つの二倍体集団からそれぞれ 3 個体, 5 個体をサンプルし, 派生型アレルの頻度の度数をグレースケールで表したもの. 分岐から間もないうちは両集団で同じような頻度の変異が多いが, 時間がたつと遺伝的浮動によりそれぞれの集団で変異が固定していくことが観察できる. 集団サイズの小さい集団 2 の方で遺伝的浮動が早く起こり, 固定した変異 (四角形の右辺) がより増えていることがわかる. このデータでは, (0, 0) のサイト (変異のないサイト) の度数は含まれていないことに注意.

われているのは dadi ($\partial a \partial i$) というソフトウェアで, 過去に分かれた 2 集団間の分岐年代, 集団サイズ, 移住率を推定することが可能である[27]. 後者の方法でよく使われているのは fastsimcoal2 というソフトウェアである. fastsimcoal2 では, 集団の分岐関係を固定したうえで合祖シミュレーションを数多く行い, JSFS の期待値を導出し, 観察値から複合尤度を計算する[28]. また, 分岐時間や集団サイズなどのパラメータを変化させることによって尤度の最適化を図る. 扱うことのできる集団人口モデルは幅広く, 複数の集団の分岐, 移住, 混合, 集団サイズの指数的な増加／減少など, 自由に集団人口モデルを設定可能である. しかし, モデルが複雑になると, パラメータの探索範囲が広くなりすぎ, 最尤推定量を計算するのは困難になる.

　これらのソフトウェアの入力形式は SFS データとなる. 自分で入力ファイルを作成するのにはスクリプトなどを作成する必要があるだろうが, JSFS を作成してくれる ANGSD というソフトウェアも存在する. ANGSD は, 個体ごとのジェノタイピングの結果はあくまでも不確実性をもった推定値であるという考え方に基づき, 集団内での SFS を推定することによってジェノタイピングを

するソフトウェアである[29]．カバレッジの低い個体を含んだ集団データを解析する場合には選択肢に入れてもよいだろう．ただし，様々な前提が存在するので内容を確認して利用する必要がある．

12.4.3 Approximate Bayesian Computation

理論的な予測によって求められた尤度を用いずに，疑似的な尤度を用いて集団動態モデルの推定を行う方法が **Approximate Bayesian Computation** (ABC) 法である．ABC 法では，まず，事前分布から取り出したある集団動態モデル Θ_i のもとに多数の合祖シミュレーションを行い，いくつかの要約統計量を計算する．要約統計量には，調べたい集団動態モデルの特徴をうまく抽出できるようなものを選ぶ必要がある．観察された要約統計量と，シミュレーションデータの要約統計量を比較し，その差が一定の範囲内 (tolerance) に収まれば，その Θ_i を採択する．この過程を何度も繰り返し，得られた集合を Θ の事後確率分布とする．要約統計量を主成分分析によって統合したり，tolerance との差から重み付けを行って事後確率分布を計算したりするなど，様々な派生が提案されている[30]．

どのような要約統計量を用いるについてはある程度自分で判断しながら解析を進める必要がある．パラメータ数の多い複雑なモデルを用いたり，多くの要約統計量を用いたりすると，採択率が極端に少なくなり，現実的な計算量で推定を行うことが難しくなってくる．異なったモデルを比較する場合には，MCMC におけるパラメータの採択率をモデルの事後確率としてその比をとることによって，**ベイズファクター** (Bayes Factor, BF) を計算するのが一般的である．複合尤度を用いる方法と同様，柔軟な集団動態モデルを扱うことが可能である．

12.4.4 祖先組換えグラフを考慮した方法

遺伝子系図は一般的に直接観察することが難しいものであり，それが分岐年代推定を含む様々な解析を難しくしているものであるが，データ量の蓄積と推定手法の発達により，ゲノムワイドに遺伝子系図を推定する手法が適用可能になってきている．図 1.1 に示したようなゲノムの領域ごとに切り替わっていく

遺伝子系図をまとめたものを **ARG**（8.1.2 項）とよぶ．祖先組換えグラフをゲノムに沿って推定していき，そこから集団人口モデルを推定していくのがこれらの手法である．

第 8 章で紹介した PSMC ソフトウェアによる集団サイズの推定の理論的な根拠には，ARG が関係している．PSMC は二倍体生物 1 個体のゲノムがもつ 2 ハプロタイプ間の遺伝子系図の分岐の深さを推定することによって集団サイズの変動を推定する．PSMC は 1 個体のデータのみを扱うが，それを多個体のデータまで拡張した手法およびソフトウェアが MSMC および MSMC2 である[31,32]．MSMC はフェージングされた複数個体のハプロタイプ間の合祖を考えて集団サイズの変化や分岐年代を推定する．サンプルサイズが大きすぎても計算時間が多くなりすぎるので，通常，2～8 ハプロタイプ程度のデータが解析に用いられる．基本的には新しいバージョンである MSMC2 を利用するとよい．MSMC2 は，すべてのハプロタイプを含む遺伝子系図を推定するのではなく，すべてのハプロタイプのペアについて合祖時間の分布を推定する．したがって，1 集団 2 ハプロタイプの解析結果は基本的に PSMC と同じものになる．解析するハプロタイプ数を増やすと，より最近の集団サイズについて知ることができる．

MSMC2 を用いると，PSMC のような集団サイズの変動だけではなく，集団の分岐年代について推定することも可能である．MSMC2 では rCCR を用いて集団の分岐年代を推定する．rCCR の理解については**図 12.5** に概略を示す．rCCR は，集団間から得られたハプロタイプ間の一定時間内における合祖確率を標準化した値で，集団が完全に分岐していれば 0，完全に 1 つになっていれば 1，集団間に移住があるような状態では中間的な値を示す．集団の分岐後に遺伝子流動がないような理想的な場合には，rCCR は 1 から 0 へ急速に減少するが，そうはならない場合が多いので，便宜的に rCCR = 0.5 となる時間帯を集団の分岐年代の推定として採用する．このように，rCCR を用いた分岐年代推定は，厳密な集団動態モデルを仮定せずに分岐年代を探索的に推定する手法である．同様の原理を用いて分岐年代を推定するソフトウェアでよく使われているものとして，SMC++[33] がある．

多数の全ゲノム配列を用いて ARG を推定する試みも行われており，RE-

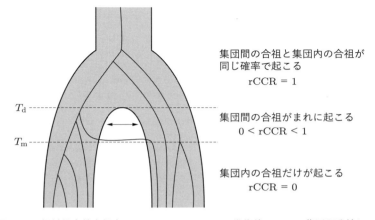

図 12.5 相対的交差合祖率 (rCCR) について．T_d 世代前に 2 つの集団が分岐し，その後 T_m 世代前まで遺伝子流動が続いた後に完全に隔離される場合を考える．この場合，現在から T_m 世代前までは，それぞれの集団内でしか合祖が起こらない．したがって，rCCR は 0 となるはずである．T_m 世代前から T_d 世代前までの間は，遺伝子流動が起こった場合には異なった集団のハプロタイプ間で合祖が起こりうる．この場合，rCCR は 0〜1 までの値をとる．T_d 世代前より過去では 2 つの集団は一緒になっているので，T_d 世代前までに合祖していないハプロタイプを考えると，集団間のハプロタイプと集団間のハプロタイプ間で合祖が起こる確率は等しくなる．したがって，rCCR は 1 となるはずである．

LATE[34] や tsinfer[35] などのソフトウェアが存在する．全ゲノムの ARG を推定することにより，rCCR も計算することが可能になるので，集団の分岐年代を推定することが可能になる．

参考文献

[1] Zuckerkandl, E. and L. Pauling, *Evolutionary divergence and convergence in proteins*, in *Evolving Genes and Proteins*, V. Bryson and H. J. Vogel, Editors. 1965, Academic Press: New York. pp. 97–166.

[2] Kimura, M., *Evolutionary rate at the molecular level*. Nature, 1968. **217**(5129): pp. 624–626.

[3] Nei, M., *Genetic distance between populations*. American Naturalist, 1972: pp. 283–292.

[4] Takahata, N., *Gene diversity in finite populations*. Genetics Research, 1985. **46**(1):

pp. 107–113.

[5] Osada, N. and C. I. Wu, *Inferring the mode of speciation from genomic data: A study of the great apes.* Genetics, 2005. **169**(1): pp. 259–264.

[6] Kong, A., et al., *Rate of de novo mutations and the importance of father's age to disease risk.* Nature, 2012. **488**(7412): pp. 471–475.

[7] Wang, R. J., et al., *Paternal age in rhesus macaques is positively associated with germline mutation accumulation but not with measures of offspring sociability.* Genome Research, 2020. **30**(6): pp. 826–834.

[8] Monroe, J. G., et al., *Mutation bias reflects natural selection in Arabidopsis thaliana.* Nature, 2022. **602**(7895): pp. 101–105.

[9] Milholland, B., et al., *Differences between germline and somatic mutation rates in humans and mice.* Nature Communications, 2017. **8**(1): p. 15183.

[10] Bronson, F. H., *The reproductive ecology of the house mouse.* The Quarterly Review of Biology, 1979. **54**(3): pp. 265–299.

[11] Geraldes, A., et al., *Higher differentiation among subspecies of the house mouse (Mus musculus) in genomic regions with low recombination.* Molecular Ecology, 2011. **20**(22): pp. 4722–4736.

[12] Phifer-Rixey, M., B. Harr, and J. Hey, *Further resolution of the house mouse (Mus musculus) phylogeny by integration over isolation-with-migration histories.* BMC Evolutionary Biology, 2020. **20**(1): p. 120.

[13] Fujiwara, K., et al., *Insights into Mus musculus population structure across Eurasia revealed by whole-genome analysis.* Genome Biology and Evolution, 2022. **14**(5).

[14] Osada, N., et al., *Ancient genome-wide admixture extends beyond the current hybrid zone between Macaca fascicularis and M. mulatta.* Molecular Ecology, 2010. **19**(14): pp. 2884–2895.

[15] Gopalakrishnan, S., et al., *Interspecific gene flow shaped the evolution of the genus Canis.* Current Biology, 2018. **28**(21): pp. 3441–3449.e5.

[16] 北野潤. 生態遺伝学入門. 2024：丸善出版.

[17] *GenotypeGVCFs and the death of the dot (obsolete as of GATK 4.6.0.0).* Available from: https://gatk.broadinstitute.org/hc/en-us/articles/6012243429531-GenotypeGVCFs-and-the-death-of-the-dot-obsolete-as-of-GATK-4-6-0-0

[18] The 1000 Genomes Project, C., *A global reference for human genetic variation.* Nature, 2015. **526**(7571): pp. 68–74.

[19] *GRCh38 genome accessibility masks for 1000 Genomes data.* Available from: https://www.internationalgenome.org/announcements/genome-accessibility-masks/

[20] Pockrandt, C., et al., *GenMap: Ultra-fast computation of genome mappability.* Bioinformatics, 2020. **36**(12): pp. 3687–3692.

[21] *SNPable.* Available from: https://lh3lh3.users.sourceforge.net/snpable.shtml

[22] Felsenstein, J., *Phylogenies from molecular sequences: Inference and reliability.* Annual Review of Genetics, 1988. **22**: pp. 521–565.

[23] Hey, J. and R. Nielsen, *Integration within the Felsenstein equation for improved Markov chain Monte Carlo methods in population genetics.* Proceedings of National Academy of Sciences of the United States of America, 2007. **104**(8): pp. 2785–2790.

[24] Hey, J., et al., *Phylogeny estimation by integration over isolation with migration models.* Molecular Biology and Evolution, 2018. **35**(11): pp. 2805–2818.

[25] Jiao, X., T. Flouri, and Z. Yang, *Multispecies coalescent and its applications to infer species phylogenies and cross-species gene flow.* National Science Review, 2021. **8**(12).

[26] Bryant, D., et al., *Inferring species trees directly from biallelic genetic markers: Bypassing gene trees in a full coalescent analysis.* Molecular Biology and Evolution, 2012. **29**(8): pp. 1917–1932.

[27] Gutenkunst, R. N., et al., *Inferring the joint demographic history of multiple populations from multidimensional SNP frequency data.* PLoS Genetics, 2009. **5**(10): p. e1000695.

[28] Excoffier, L., et al., *fastsimcoal2: Demographic inference under complex evolutionary scenarios.* Bioinformatics, 2021. **37**(24): pp. 4882–4885.

[29] Nielsen, R., et al., *SNP calling, genotype calling, and sample allele frequency estimation from new-generation sequencing data.* PLoS ONE, 2012. **7**(7): p. e37558.

[30] K. Csilléry, M. G. B. Blum, O. E. Gaggiotti and O. François. *Approximate Bayesian Computation (ABC) in practice.* Trends in Ecology & Evolution 2010. **25**(7): pp. 410–418

[31] Schiffels, S. and R. Durbin, *Inferring human population size and separation history from multiple genome sequences.* Nature Genetics, 2014. **46**(8): pp. 919–925.

[32] Schiffels, S. and K. Wang, *MSMC and MSMC2: The multiple sequentially markovian coalescent,* in *Statistical Population Genomics,* J. Y. Dutheil, Editor. 2020, Springer US: New York. pp. 147–166.

[33] Terhorst, J., J. A. Kamn, and Y. S. Song, *Robust and scalable inference of population history from hundreds of unphased whole genomes.* Nature Genetics, 2017. **49**(2): 303–309.

[34] Speidel, L., et al., *A method for genome-wide genealogy estimation for thousands of samples.* Nature Genetics, 2019. **51**(9): pp. 1321–1329.

[35] Kelleher, J., et al., *Inferring whole-genome histories in large population datasets.* Nature Genetics, 2019. **51**(9): pp. 1330–1338.

Appendix

解析環境の構築

　ゲノム多様性解析においては，一般的に普及している Windows や macOS を用いて，GUI（グラフィックユーザーインターフェース）ベースでボタンをクリック操作するソフトウェアはあまり使われない．多くのソフトウェアは UN*X 上で動かすことが想定されており，CLI ベースで動くものがほとんどである．しかし，ゲノム解析に不慣れな読者が UN*X の解析環境をそろえていることはまれだろう．幸いなことに，Windows および macOS（OS X 以降）では，比較的簡単に UN*X 環境を前提としたソフトウェアを動かすことができるようになってきている．本節ではまず，Windows に Linux 環境を構築する方法から解説を行う．それにより，すべての OS において同じ作業で解析を進めていくことができる．その後，Conda というシステムを用いて，解析に必要なソフトウェアのインストールなどを行い，Linux 上に解析のための仮想環境を作っていく．

　Conda は，Anaconda とよばれるデータサイエンス向けの Python パッケージを提供するプラットフォームの中で用いられるものである．Python は最近になってよく使われているプログラミング言語で，コードの視認性がよく，科学計算に必要なライブラリが充実している．その中で，ゲノム多様性解析を含むデータ解析に必要なライブラリ群をまとめて提供しているのが Anaconda である．とりあえずコンピュータに Anaconda をインストールしてしまえば，Python がもつ膨大な機能を自在に用いることができる．Anaconda 自体は Windows, macOS, Linux すべてに対応しているが，本書では，Anaconda の最小構成版となっている Miniconda を用いて解析環境を構築していく．Windows については Linux 仮想環境上においてすべての解析を行うので，Windows 版の Miniconda

をインストールする必要はない.

A.1　Windows での環境構築

Windows はオフィスなどで幅広く使われている OS であるが，Windows subsystem for Linux (WSL) という機能を使って仮想的に Linux を動かすことができる．Windows 10 のユーザーは A.1.1 項を，Windows 11 のユーザーは A.1.2 項を参照されたい．また，macOS を利用している読者は，飛ばして次の A.2 節から読み進めてほしい.

A.1.1　Windows 10 での環境構築

(1)　Linux 環境のインストール

Windows 10 のバージョンが version1709 以前の場合は WSL が使えないので，最新のものにアップデートすることが必要である†. まずは Windows 10 で WSL の機能を有効化しよう．Windows の「設定」ウインドウを開き，「アプリと機能」を選択後，右上にある「プログラムと機能」をクリックする．新しいウインドウが開くので，左にある「Windows の機能の有効化または無効化」を選択する．さらに新しいウインドウが開くので，「Linux 用 Windows サブシステム」という項目の左側のチェックボックスをチェックして，「OK」をクリックして，一度再起動しておく.

次に，メニューから「Microsoft store」を開始する．右上の虫眼鏡マークをクリックして検索欄に「Ubuntu」と入力するといくつかの候補が現れる．Ubuntu は Linux のディストリビューションの 1 つで，22.04.1 といった数字はバージョンを意味する．LTS は Long Term Support の略で，最低 5 年のサポート（アップデート）が保証されるバージョンであるという意味である．基本的には最新版をインストールするとよい．本書では，執筆時点での最新版である 22.04.1 を利用している．「インストール」ボタンをクリックして Ubuntu をインストー

---

† Windows 10 のバージョン 2004 以降は WSL2 という機能が搭載されている．細かな性能の違いはあるのだが，本書で扱う範囲においては特に気を付けることはない.

ルしよう．Windows 上でインストールを完了し，ソフトウェアを起動すると，真黒なバックグラウンドのウインドウが立ち上がり，インストール作業が継続される．しばらく時間がかかるので気長に待とう．ユーザー名とパスワードを聞かれるので答え，忘れないようにしておく．

インストールが完了すると，図 A.1 のようなコマンドプロンプトが現れる．コマンドプロンプトというのは，入力行の先頭にある "$" のことで，コマンドが入力可能ですよ，という目印である．システムによって "%" だったり ">" だったりするが，あまり深いことは考えないでおこう．コマンドプロンプトが表示されているときにコマンドを打ち込み，リターンキーを押すとコマンドが実行される．本書では，コマンドプロンプトを "%" として表記している．入力すべきコマンドの頭にこの文字がついているので，この文字を入力する必要はない．

図 A.1　コマンドプロンプト

(2) Linux 環境のアップデート

ここまでインストールが完了したので，Linux 環境のアップデートを行おう．次のコマンドをタイプして，最新のデータにアップグレードしておくとよい．sudo コマンドは，管理者権限でそれに続くコマンドを実行するものであるため，実行にはパスワードの入力が必要である．このアップデートにはしばらく時間がかかる．

```
%sudo apt update
%sudo apt upgrade
```

構築した Linux 環境と Windows 環境との間のやりとりはどのように行えば
よいだろうか．Windows エクスプローラーの任意のフォルダ上で Shift ＋右ク
リックを行うと，「Linux Shell をここに開く」というメニューが出てくる．こ
の方法を使うと，任意のディレクトリから Linux を立ち上げることができるの
で，Windows と Linux 間のファイルのやり取りが簡単になる．

これで，Windows 10 で Linux システムを利用する準備が整った．次節か
らは Miniconda をインストールして，解析に必要な環境を整えていく．今後，
Windows PC を使った解析はすべてこの Linux 上で行うので，常に Linux の
例を参照しながら解析を進めていってほしい．

A.1.2　Windows 11 での環境構築

Windows 11 での環境構築は簡単である．タスクバーのウインドウマークに
カーソルを合わせ右クリックすると，「ターミナル（管理者）」という選択肢が
出てくるのでクリックする．ダイアログボックスの質問に「はい」と答えると
ターミナルのウインドウが開くので，次のようにタイプする．

```
%wsl --install
```

再起動後に自動で最新の Ubuntu がインストールされるので，後は前項の (2)
と同様にシステムのアップデートを行っておく．

A.2　Conda を用いた解析環境の構築

それでは，Miniconda をインストールしていこう．WSL を含めた Linux 環
境のユーザーは A.2.1 項を，macOS のユーザーは A.2.2 項を参照されたい．
なお，ログインすると最初にいるディレクトリをホームディレクトリとよび，
Linux では/home/{ユーザー名}，macOS では/Users/{ユーザー名}となって
いる．どちらの OS でもホームディレクトリはチルダ(~) または環境変数$HOME
で表せる．

A.2.1 Linux システムの場合

WSL を含む Linux システムの場合，次の `curl` コマンドを入力して，必要なファイルをダウンロードする．

```
%curl -O https://repo.anaconda.com/miniconda/Miniconda3-latest-Linux-x86
_64.sh
```

最新のファイルはウェブブラウザを通じて，https://www.anaconda.com/distribution/#linux からもダウンロードできる．その場合，プログラムの互換性を保つために，ここでは Python 3.7 に対応したものをダウンロードしよう．

最初に，Linux コマンドの練習もかねてファイルを見てみよう．

```
%ls -al
```

と `ls` コマンドを打つことによって，いま自分がいるディレクトリ（カレントディレクトリ）の，ファイルサイズを含めた内容を表示することができる．ファイルがきちんとダウンロードされているか確認してみよう．

ファイルがダウンロードできているのを確認できたら，Miniconda をインストールしよう．`*.sh` というファイルは，Linux のシェルスクリプトとよばれる実行ファイルである（*はワイルドカードといって，すべての文字を表す表現）．シェルスクリプトは，次のように，`sh` コマンドの後に実行ファイルを入力することによって実行できる．

```
%sh Miniconda3-latest-Linux-x86_64.sh
```

インストールを始めると，いくつか質問があるので "yes" で答える．Miniconda のインストール場所も聞かれるが，特にこだわりがなければデフォルトの設定（ホームディレクトリ）でよいだろう．インストールにはインターネットへの接続が必要で，しばらく時間がかかる．

最後の質問に yes と答えると再起動後に Conda にパス (path) が通るが，no と答えてしまうと実行ファイル "`~/miniconda3/bin/conda`" にパスが通らな

いので不便である．パスとは，実行するためのプログラムが格納されているディレクトリの場所またはそこまでの経路のことである．たとえば，いま自分がいるディレクトリ（カレントディレクトリ）が "/home/user1" であるとしよう．user1 ディレクトリ上にあるプログラム hoge を実行するには，次のようにタイプする必要がある（hoge と打つだけでは実行できない）．

```
%./hoge
```

ところが，カレントディレクトリが "/home/user2" だった場合には，"/home/user1/hoge" または "../user1/hoge" としなければならない（"../" は1つ上位のディレクトリを表す）．このようにプログラムファイルが存在する場所がばらばらだと不便なため，UN*X では，いくつかの決まった場所にプログラムファイルを置くことにして，システムはあらかじめ決まったディレクトリのリストをサーチして，プログラムファイルを探していく．よく使われるディレクトリに "/usr/bin" や "/usr/local/bin" がある．これらのディレクトリ内にあるプログラムファイルは，直接プログラムファイルを打つだけで実行することが可能になる．この，「いくつかの決まった場所」のリストに新しいディレクトリを加えることを，「パスを通す」とよぶ．

Miniconda でインストールしたプログラムファイルはホームディレクトリ下（/home/{ユーザー名}）の "miniconda3/bin" という名前のディレクトリにコピーされる．Miniconda のインストール時にパスを自動で通さなかった場合には，コマンドプロンプトで conda と入力するだけでは Conda は実行できないので，次の export コマンドでパスを通す必要がある．

```
%export PATH=~/miniconda3/bin:$PATH
```

これを入力すると，"~/miniconda3/bin" 以下にある実行ファイルは，コマンドを直接入力するだけで実行できる．ただしこれだとコンピュータを再起動するごとに作業を行わなければいけないので，vi などのテキストエディタを用いて，"./bashrc" という設定ファイルに上の1行をどこでもいいので付け加え

212 | A 解析環境の構築

るとよい. vi の操作方法については詳しく述べないが,

```
%vi ~/.bashrc
```

というコマンドで立ち上げられる. 文章を挿入したい位置までカーソルを動か
して, キーボードから "i" を入力する. すると編集モードになるので, export
以下のコマンドを記入し, Esc キーを押してコマンドモードに戻り ":wq" とタ
イプすると, 変更を書き込み終了する. 最後に次の source コマンドを入力し
て, 変更した設定を反映させる[†].

```
%source ~/.bashrc
```

インストールとパスの設定がうまくいった場合, conda と入力するとコマンド
の説明が出てくる. ここまでうまく進めることができたら, 一度 Ubuntu を再
起動しておこう.

A.2.2　macOS の場合

　macOS での Miniconda のインストール手順を以下に紹介する. まずは「ア
プリケーション」ディレクトリ中の「ユーティリティ」ディレクトリにアクセ
スし,「ターミナル」を起動しよう.

　ターミナルを起動するとコマンドプロンプトが表示される. macOS のシェ
ルは標準で zsh であるが, おおむね Linux システムと同じようなコマンドが実
行可能である.

　次の curl コマンドを入力して, 必要なファイルをダウンロードする. ここ
ではダウンロードのため, curl コマンドに -O オプションを指定する (O は大
文字であることに注意).

[†] vi は一般的なテキストエディタと比べて非常に使いづらいが, 未だに根強いファンがいる. 歴史
　的な理由で生き残っているソフトウェアである.

```
%curl -O https://repo.anaconda.com/miniconda/Miniconda3-py37_4.10.3-MacOSX
-x86_64.sh
```

　ダウンロードが終了したら，lsコマンドを使用して，目的のファイルがきち
んとダウンロードされているかを確認しよう．

```
%ls -al
```

上記のコマンドを打つことによって，いま自分がいるディレクトリ（カレント
ディレクトリ）の，ファイルサイズを含めた内容を表示することができる．ファ
イルがきちんとダウンロードされているか確認してみよう．
　ファイルがダウンロードできているのを確認できたら，Minicondaをインス
トールしよう．ここでダウンロードされた˜.shというファイルは，Linuxの
シェルスクリプトとよばれる実行ファイルで，macOSでもLinuxシステムと
同様に実行できる．以下のshコマンドでシェルスクリプトを実行しよう．

```
%sh Miniconda3-latest-MacOSX-x86.sh
```

　インストールを始めると，いくつか質問があるので，"yes"で答える．Mini-
condaのインストール場所も聞かれるが，とくにこだわりがなければデフォルト
の設定（ホームディレクトリ）でよい．インストールにはWebへの接続が必要
で，しばらく時間がかかる．インストールが終了すると，画面に

```
==> For changes to take effect, close and re-open your current shell. ⇐
```

と表示されるので，それに従って一度ターミナルのウインドウを閉じ，再度ター
ミナルを起動して，インストールしたMiniconda3を有効にしよう．
　また，

```
%source ˜/.zshrc
```

214 | A 解析環境の構築

と source コマンドを実行することで，ターミナルのウインドウを閉じること
なく変更した設定を有効にできる．ここまで設定をすることができれば，パス
（A.2.1 項参照）が "~/miniconda3/bin" に通っているので，以後 Conda を
使ってインストールしたコマンドはそのまま使用することができる．

A.3　Conda を用いた仮想環境の切り替え

　Conda の利点は，解析環境を仮想的に複数構築することができ，それを切り
替えることができる点にある．ソフトウェアやライブラリは相互に依存しあっ
ており，1 つのバージョンを変えるともう 1 つが動かなくなるといったことが
よく起こる．Conda の仮想環境を使うことによって，「この環境であればこの
プログラムは動く」ということが担保されるため，結果の再現性にとっても重
要である．

　ここではまず，次の conda create コマンドを入力して，1 つの仮想環境を
作ってみよう．

```
%conda create --name GDT
```

　これで，GDT という仮想環境が構築された．現在ある環境の一覧は，次の
conda info コマンドで表示できる．

```
%conda info -e
```

　それでは，conda activate コマンドで環境 GDT を有効にしてみよう．

```
%conda activate GDT
```

これで GDT という環境で作業を行っていることになる．コマンドプロンプトの
かっこの中に現在の環境が表示されているだろう．現在の環境を無効にする場
合には，次の conda deactivate コマンドを入力する．

A.3 Conda を用いた仮想環境の切り替え | 215

```
%conda deactivate
```

これで仮想環境を切り替えながら作業を行うことが可能になった．また，ここ
で Conda 環境を次の conda update コマンドでアップデートしておこう．

```
%conda update --all
```

Conda のパッケージはチャンネルとよばれるリポジトリに登録されている．最
初によく使うチャンネルを登録しておくことにより，その後の作業が楽になる．
次の conda config コマンドと --add channels オプションで，Conda-forge
と Bioconda リポジトリを登録できる．

```
%conda config --add channels conda-forge --add channels bioconda
```

　Conda-forge は多くの基本的なパッケージが登録されているリポジトリであ
り，Bioconda はバイオインフォマティクス解析に特化したリポジトリである．
リポジトリを追加したい場合は，"--add channels {リポジトリ名}" また
は "--append channels {リポジトリ名}" とタイプする．前者は追加された
リポジトリを検索リストの一番上に配置するが，後者は一番下に配置する．ま
た，リポジトリを除く場合には "--remove channels {リポジトリ名}" を用
いる．
　準備が整ったので，FASTQ 配列のクオリティチェックに使われる FastQC
というソフトウェアをインストールしてみよう．実行するのは次の短い
conda install コマンドである．

```
%conda install fastqc=0.11.9
```

上記のコマンドを実行すると，本当にインストールするかという質問が出てく
るので，"y" をタイプする．これでインストールが完了する．
　最後に，本書でしばしば使うことになる統計解析パッケージ R のインストー
ルを行っておこう．本書では，バージョン 4.0.5 がインストールされているこ

216 | A 解析環境の構築

とを前提に解析を進めていく．Conda でインストールするソフトウェアのバージョンを指定する場合には，次のように入力する．

```
%conda install r-base=4.0.5
```

本書ではこのように，Conda を利用してプログラムをインストールする場合には必ずバージョン名をつけて示すようにしている．最新のものが動くようであれば最新のものを使ってかまわないが，動かない場合は本書で指定したバージョンのものを利用すると不具合が少ないだろうと思われる．

R や Python には優れたデータ解析ライブラリが多数存在する．また，得られた結果を描画するためにも豊富な機能が揃っている．ただし，Conda，R 本体，R パッケージの相性が悪く，正常に R パッケージがインストール・実行されない場合がある．その場合は一度仮想環境を削除して新しく作り直すか，Windows 版もしくは macOS 版の R を使ったほうがよいだろう．特に，WSL の Ubuntu 上で R を動かした場合，描画されたグラフィックをいちいちファイルに書き出さなければ確認できないので少々不便である．

Conda 仮想環境の削除は "conda remove --name GDT" というコマンドで行う．本書では，解析手法の一貫性を保つために Conda と Bioconductor を用いたパッケージインストールを行うが，基本的な操作はどの OS を使っても同じなので，各自好きな方法で進めてほしい．

これで大体の準備が整った．それぞれの章で使うソフトウェアのインストール方法については，付録 B で紹介していくことにする．

A.4　Docker による解析環境の利用

使用しているコンピュータの仕様や，プログラムのバージョンにより，ここで紹介した環境がうまく利用できない場合がある．異なる利用者が同じ環境を使ってプログラムを実行するための手法として，コンテナ仮想化がよく用いられている．ここでは，Docker を利用した方法を紹介する．自分の利用しているPC でうまく解析できない場合は試してみるとよいだろう．

A.4.1 Linux システムでの Docker の利用

まず，以下のコマンド群を入力して Docker をインストールする．詳しくは Docker のウェブサイト (https://docs.docker.com/engine/install/ubuntu/) を参照されたい．

```
%sudo apt update
%sudo apt install ca-certificates gnupg lsb-release
%sudo apt install apt-transport-https -y
%curl -fsSL https://download.docker.com/linux/ubuntu/gpg | sudo gpg --
dearmor -o /usr/share/keyrings/docker-archive-keyring.gpg
%echo \
  "deb [arch=$(dpkg --print-architecture) signed-by=/usr/share/keyrings/
docker-archive-keyring.gpg]
https://download.docker.com/linux/ubuntu \
$(lsb_release -cs) stable" | sudo tee /etc/apt/sources.list.d/docker.
list > /dev/null
%sudo apt update
%sudo apt install docker-ce docker-ce-cli containerd.io
```

インストールが完了したら Docker を起動し，`docker pull` コマンドでコンテナイメージ (`nosada17/gdt250127:latest`) をダウンロードする．

```
%sudo service docker start
%sudo docker pull nosada17/gdt250127:latest
```

ファイルサイズが大きいのでダウンロードには時間がかかる．ダウンロードしたイメージを確認するには，次のコマンドをタイプする．

```
%sudo docker images
```

ダウンロードしたコンテナイメージをロードするには `docker run` コマンドを用いる．このとき，`-v` オプションを使うことにより，ローカル（自分の現在の実行環境）のディレクトリを Docker コンテナ内のディレクトリとリンクさせることができる．たとえば，次の例ではローカルディレクトリ "~/gdt" を Docker コンテナ内のディレクトリ "/home/gdt" にリンクさせている．

```
%sudo docker run -v ~/gdt:/home/gdt -it nosada17/gdt250127:latest
bash
```

このコマンドを実行すると，Docker 環境下で作業を行うことができる．
"conda activate GDT" とタイプすると Conda 環境がすでにインストール
されていることがわかるだろう．

Docker を終了するには exit コマンドを使う．また，一度 exit したコンテ
ナを再開するには，まず次のコマンドを入力する．

```
%sudo docker ps -a
```

左端に表示されるコンテナ ID を覚え，

```
%sudo docker restart {コンテナ ID}
%sudo docker container exec -it {コンテナ ID} bash
```

とタイプすることによって再開することができる．

A.4.2　macOS での Intel 用 Docker イメージの利用

Docker は異なるプラットフォーム間で環境を共有することを目的に作られた
が，2021 年以降発売された Apple 社の製品には，Apple シリコンとよばれる
プロセッサが搭載されるようになり，一般的に用いられている Intel 社のプロ
セッサ用に作られたコンテナが利用できなくなっている．

macOS において Intel 用に構築された環境を使うには，Rosetta 2 をインス
トールし，macOS 上でエミュレート（別の動作環境を模倣すること）する必要
がある．Rosetta 2 は次のコマンドでインストールすることができる．

```
%softwareupdate --install-rosetta
```

その後，次のコマンドで Docker のコンテナイメージをロードすることによっ
て，Intel 上で作成された Docker イメージを macOS 上で動かすことができる．

A.4 Docker による解析環境の利用 | 219

```
%docker run -v ~\gdt:/home/gdt -t --platform linux/amd64 nosada17/gdt250127
:latest bash
```

これらの機能については頻繁にアップデートが行われているため，常に最新の
情報を確認しておくとよいだろう．

Appendix

B

各種ソフトウェアのインストール

　ここでは，本書でインストールするプログラムをアルファベット順に並べ，インストール方法について簡単に説明する．ソフトウェア名の後ろには，本書のどこで利用されているかが，その下には本書執筆時点での Web サイトの URL が記されている．

　本書で扱うソフトウェアの多くは，Conda 環境（付録 A 参照）において容易にインストール可能なものである．バージョンは最新のものを用いてもよいが，R に関するものなどはバージョンの不整合によってインストール時にエラーが出る場合がある．なお，本書においては Ubuntu 系の OS を用いていることが前提となっているので，Conda 以外の方法を用いてソフトウェアをインストールする場合には sudo コマンドを利用している．他のシステムにおいてユーザーが管理者権限をもっているならば，sudo コマンドなしでソフトウェアのインストールが可能である．

　以下，本書において使用するソフトウェアをアルファベット順に紹介していく．ソフトウェア名の後の括弧内には，使用されている章が示されている．

AdmixTools（第 9 章）

https://github.com/DReichLab/AdmixTools

　AdmixTools は f_2, f_3, f_4 統計量などを計算するためのソフトウェアパッケージである．f_3 統計量を計算する qp3Pop, f_4 または Patterson の D 統計量を計算する qpDstat, 混合グラフを作成する qpGraph など，いくつかのプログ

ラムを使うことができる．ソースコードからインストールするのはやや面倒なので，Conda を用いてインストールすることを推奨する．

```
%conda install admixtools=7.0.2
```

ADMIXTURE（第 7 章）

https://dalexander.github.io/admixture

集団のクラスタリングを行うことができる ADMXTIRE のインストールは，Conda を用いて次のコマンドで行うことができる．

```
%sudo mv /usr/local/bin/admixture32 /usr/local/bin/admixture
```

bcftools（第 6 章）

https://samtools.github.io/bcftools/bcftools.html

vcf ファイルの操作を行うことができる bcftools は，Samtools に付随するプログラムである．Conda を用いてインストールが可能であるが，本書執筆時点では不具合が認められるので，apt コマンドを利用して次のコマンドでインストールするとよい．

```
%sudo apt install bcftools
```

Beagle（第 4 章）

https://faculty.washington.edu/browning/beagle/beagle.html

Beagle は SNP のフェージングとインピュテーションを行うためのソフトウェアである．Beagle のインストールは Conda を用いて次のコマンドで行うことができる．また，apt コマンドでもインストールが可能である．

```
%conda install beagle=5.2_21Apr21.304
```

Bioconductor パッケージ群（第 5，7 章）

https://www.bioconductor.org/

Bioconductor はバイオインフォマティクス解析に用いる R のパッケージを
統合するものである．R を起動してそれぞれのパッケージをインストールする
ことができるが，R のバージョンとの組み合わせが悪いとプログラムが動かな
くなるなどトラブルが多い．本書では，Conda を用いてインストールを行って
いる．

```
%conda install bioconductor-qqman
%conda install bioconductor-snprelate=1.24.0
%conda install bioconductor-seqarray=1.30.0
```

BWA（第 3，11 章）

https://bio-bwa.sourceforge.net/

BWA は広く用いられているマッピングソフトウェアである．シングルエン
ド，ペアエンド両方のマッピングに対応している．いくつかの異なったアライ
ンメントのアルゴリズムが実装されているが，最も新しく，汎用性が高いのが
BWA-MEM である．BWA は Conda を用いてインストールを行うことができ
る．また，apt コマンドを用いてインストールすることも可能である．

```
%conda install bwa=0.7.17
```

EIGENSOFT（第 7 章）

https://github.com/DReichLab/EIG

EIGENSTRAT は，PCA を行うことができる smartpca や，AdmixTools

で用いるファイルフォーマットへの変換を行うことができる convertf などを含むプログラムパッケージである．EIGENSOFT のインストールは Conda を用いて行うことができる．また，apt コマンドを用いてインストールすることも可能である．

```
%conda install eigensoft=7.2.1
```

FastQC（第 2 章）

https://www.bioinformatics.babraham.ac.uk/projects/fastqc/

fastq ファイルのクオリティチェックを行うための FastQC は，Conda を用いて行うことができる．また，apt コマンドを用いてインストールすることも可能である．

```
%conda install fastqc=0.11.9
```

GATK（第 3，11 章）

https://gatk.broadinstitute.org/hc/en-us

GATK (Genome Analysis ToolKit) は，大規模なヒトゲノム多様性解析などで広く用いられているソフトウェアである．このソフトウェアを用いて作られた，リードのマッピングから変異同定までの解析パイプラインの例は，"gatk best practices™" ともよばれ，ヒトゲノム解析においては 1 つの基準となっている．本書では Conda を用いてインストールを行っているが，Java のプログラムであるため，実行ファイルを直接ダウンロードして実行することも可能である．ただし，Java のバージョンには注意すること．

```
%conda install gatk4=4.2.3.0
```

gnuplot（第 8 章）

http://www.gnuplot.info/

　gnuplot は様々な機能をもった描画ソフトウェアである．本書では PSMC の結果を描画するためのスクリプトから呼び出されている．gnuplot も，Conda を使ってインストールすることができる．

```
conda install gnuplot=5.0.3
```

Java 実行環境

https://openjdk.org/

　本書の実践では GATK や Picard など，Java プログラムを動かす必要があり，そのためには Java のランタイムライブラリが必要である．Open JDK は無償の Java 互換開発環境で，Conda を用いてインストールすることができる．Java のバージョンによってはソフトウェアが動かなくなることもあるので注意が必要である．

```
%conda install openjdk=11.0.15
```

MultiQC（第 2 章）

https://multiqc.info/

　MultiQC は FastQC の実行結果をグラフィカルに表示することのできるソフトウェアで，Conda を用いてインストールすることが可能である．また，apt コマンドを用いてインストールすることも可能である．

```
%conda install multiqc=1.14
```

Picard（第3章）

https://broadinstitute.github.io/picard/

　Picard は，bam ファイルや vcf ファイルの操作や集計を行うことができるソフトウェアである．プログラムの本体は picard.jar という名前のファイルであり，これを Java から実行する．実行ファイルは次のコマンドで直接ダウンロードしてくることも可能である．直接ダウンロードし，かつ Java がインストールされてない場合は，openjdk をインストールする．

```
%curl -OL https://github.com/broadinstitute/picard/releases/tag/2.27.5/
picard.jar
```

　Conda を用いてインストールした場合は，picard.jar は "~/miniconda3/envs/GDT/shares/picard-2.27.4-0/picard.jar" として保存されている．以下は，環境変数$PICARD をこのファイルへのパスに設定するコマンドである．

```
%PICARD=~/miniconda3/envs/GDT/share/picard-2.27.4-0/picard.jar
```

　ここでは，Miniconda3 環境で，GDT という名前の Conda 環境を用いている．この環境変数を用いてプログラムを実行するには，

```
%java -jar $PICARD <オプション>
```

のようにタイプすればよい．

PLINK（第5，7，9，10，11章）

https://www.cog-genomics.org/plink/

　PLINK は汎用的な機能をもつ多型解析パッケージである．PLINK にはバージョン1と2があり，仕様が大きく異なっているが，本書ではバージョン1のみを利用する．本書では Conda を利用してインストールを行っているが，apt コマンドでインストールすることも可能である．

226 | B 各種ソフトウェアのインストール

```
%conda install plink=1.90b6.21
```

PSMC（第8章）

https://github.com/lh3/psmc

PSMC は1個体の全ゲノム情報から過去の集団動態を推定するためのソフトウェアである．PSMC は Conda を用いてインストールできる．

```
%conda install psmc=0.6.5
```

Conda を用いてインストールすると，その他の付属的なソフトウェアもパスの通っている場所にインストールされる．

R（第5，7，11章）

https://www.r-project.org/

R は，R 言語というプログラミング言語を使うための環境を提供するためのソフトウェアである．統計処理やグラフィックス描画に便利なライブラリ群がそろっており，非常によく使われている．特に生物学分野で広く用いられている印象である．本書では Conda を用いてインストールするが，apt コマンドでインストールすることも可能である．なお，R のバージョン3と4には大きな違いがあり，ライブラリがうまく動かないこともあるので注意しよう．NeighborNet グラフの作成にも利用できる Phangorn パッケージも，Conda を用いてインストールすることができる．

```
%conda install r-base=4.0.5
%conda install r-phangorn=2.7.1
```

Samtools（第3，4，5，7，11章）

http://www.htslib.org/

Samtools はリードをマッピングしたアラインメントファイルである
sam/bam/cram ファイルを扱うためのユーティリティソフトウェアで，広く
利用されている．また，変異検出も行うことができる．Samtools は，Conda や
apt コマンドを用いてインストールすることができる．

```
%conda install samtools=1.6
```

TreeMix（第 9 章）

https://bitbucket.org/nygcresearch/treemix/wiki/Home

　TreeMix は集団間の移住を仮定しつつ，集団間の関係を表す最適なグラフ構
造を同定するためのソフトウェアで，Conda を用いてインストールすることが
できる．

```
%conda install treemix=1.13
```

Selscan（第 10 章）

https://github.com/szpiech/selscan

　Selscan は多数のゲノム配列を用いてセレクティブスウィープを検出するソ
フトウェアである．インストールを行うには，git clone コマンドを使って
Github にあるデータをコピーする．

```
%git clone https://github.com/szpiech/selscan.git
```

　UN*X や WSL を利用している場合は，次のコマンドで実行ファイルをコピー
するか，もしくはパスを通してもよい．もちろん，コピーせずに実行ファイル
を直接指定して起動することも可能である．必要に応じて sudo コマンドを先
頭に入れる．

```
%cp selscan/bin/linux/selscan /usr/local/bin/
```

macOS の場合は，次の cp コマンドで macOS 版をコピーする．

```
%cp selscan/bin/osx/selscan /usr/local/bin/
```

Stacks（第 11 章）

https://catchenlab.life.illinois.edu/stacks/

Stacks は RAD-seq などのデータを解析するためのソフトウェアである．
Conda を用いたインストールも可能であるが，本書執筆時点では不具合が確認
されているため，ソースコードからコンパイルする方法をとる．ソースファイ
ルは上記の URL から入手できる．次のコマンドでファイルをダウンロードす
る．本書執筆時点での最新バージョンは 2.60 である．

```
%curl -O http://catchenlab.life.illinois.edu/stacks/source/stacks-2.60.tar.
gz
```

以下のコマンドを打ってインストールを行う．Stacks はいくつかの異なった
プログラムの組み合わせで構成されているので，いくつかのプログラムがイン
ストールされる．

```
%tar xfvz stacks-2.60.tar.gz
%cd stacks-2.60
%./configure
%make
%sudo make install
```

configure コマンドで g++ がインストールされていないというエラーが出る
場合は，別途次のコマンドで g++ をインストールする．

```
%sudo apt install g++
```

デフォルトでは，複数のプログラムが**/usr/local/bin**ディレクトリ以下に作られる.

VCFtools（第6章）

https://vcftools.github.io/index.html

VCFtoolsは，VCFファイルを扱うためのユーティリティソフトウェアである．多機能なので，マニュアルを見てどのような機能があるかを見ておくと便利だろう．Condaやaptコマンドを用いてインストールすることができる.

```
%conda install vcftools=0.1.16
```

Appendix C
UN*X コマンド

ここでは，本書で利用した UN*X コマンドの解説を簡単に行う．詳しい使用法はウェブサイトや man コマンドを用いて調べてほしい．

cat (zcat)（2.2.1, 11.2.4 項）

```
%cat {テキストファイル名}
%zcat {圧縮されたテキストファイル名}
```

テキストファイルを標準出力に表示する基本的なコマンド．zcat は gzip コマンドなどで圧縮されたファイルの中身を出力する．

cd（11.2.4 項，付録 B）

```
%cd {移動先のディレクトリ名}
```

カレントディレクトリを変更するためのコマンド．ディレクトリ名 "../" は 1 つ上の階層のディレクトリを指す．

curl（9.4.3 項，付録 A, B）

```
%curl -O {URL}
```

URL にアクセスする様々な機能をもっているコマンド．本書では主に，インターネット上のファイルを取得する目的で，-O オプションを用いて使用した．このとき，-L オプションを加えておくと，最初に指定した URL が別の URL へリダイレクトされている場合，リダイレクト先のファイルを取得することができる．

echo（6.3.1 項，付録 A）

```
%echo {文字列}
```

その後に続く文字列や変数を標準出力に表示するコマンド．環境変数を表示する場合は変数の頭に "$" をつける．色々便利な使い方がある．

export（付録 A）

```
%PATH=$PATH:/newpath
%export PATH
```

環境変数などを設定するコマンド．この例では実行ファイルをサーチする場所を示す環境変数 $PATH に新しいディレクトリ "/newpath" を加え，その後変更をしている．

grep（6.3.2, 7.6.2, 11.2.4 項）

```
%grep {検索する文字列} {ファイル名}
```

テキストファイルに対して文字列の検索を行うコマンド．検索パターンには正規表現が使える．-v オプションで条件に一致しないものの表示，-n オプションで結果に表番号を表示することができる．ファイル名にワイルドカード (*) を入れると，条件に一致したファイルすべてに対して検索を行う．

gzip (bgzip)（6.3.2 項，8.2 節，9.4.3, 10.4.4 項）

```
%gzip {ファイル名}
```

　テキストファイルを圧縮するコマンド．hoge.txt ファイルに対して用いる
と hoge.txt.gz というファイルに変換される．元のファイルを残したい場合
は -k オプションをつけるか，-c オプションをつけて次のように標準出力に出
力するとよい．

```
%gzip -c hoge.txt > hoge.txt.gz
```

　圧縮ファイルの解凍には gunzip コマンドを用いる．
　bgzip は gzip と似た仕組みでファイルを圧縮するが，tabix コマンドでイ
ンデックスファイルを作成することにより，高速に圧縮ファイルにアクセスす
ることが可能である．本書でしばしば用いられる VCFtools では，bgzip を用
いて圧縮した vcf ファイル (.vcf.gz) を入力として用いることができる．

head（2.2.1 項）

```
%head {ファイル名}
```

　テキストファイルの先頭から 10 行だけを表示するコマンド．"-n 20" のよ
うに -n オプションをつけることにより，表示する行数を 20 行に指定できる．

less (zless)（2.2.1, 6.3.1 項）

```
%less {ファイル名}
%zless {圧縮されたファイル名}
```

　テキストファイルの内容を表示するためのコマンド．gzip などで圧縮された

ファイルには zless を使うが，ソフトウェアのバージョンによっては less で
も問題ない．

ls（2.2.3 項，付録 A）

```
%ls {ディレクトリ名}
```

　指定するディレクトリの内容を表示するコマンド．指定がない場合はカレン
トディレクトリの内容を表示する．-a オプションをつけると隠しファイルや
ディレクトリなどすべての要素を表示する．便利なのは -l オプションであり，
以下のような表示例が得られる．

```
%ls -l
-rwxrwxrwx 0 root root      70632 Dec 24 05:35 `CREATE_INDEX=TRUE`
-rwxrwxrwx 0 root root        470 Dec 13 11:47 DBImport.sh
-rwxrwxrwx 0 root root       2810 Dec 21 11:17 FK.log
```

　1 列目はファイルのパーミッション，3 列目はファイルの所有者，4 列目以
降はファイルサイズ，タイムスタンプ，ファイル名と続く．パーミッションは
ファイルを読み込んだり変更したりする権限で，2 文字目から 3 文字ずつ，所有
者，グループ，その他のユーザーへの権限が記載されている．r（read，読み込
み），w（write，書き込み），x（execution，実行）に対応し，権限がある場合は
それぞれの文字，ない場合は - が表示される．たとえば，"-rwxr--r--" はファ
イルの所有者のみ書き込み，読み込み，実行が可能であり，その他のユーザー
は内容を読むことしかできないという意味である．ファイルのパーミッション
は chmod コマンドで変更することができる．

mkdir（2.2.2 項）

```
%mkdir {ディレクトリ名}
```

234 │ C UN*X コマンド

ディレクトリを作成するコマンド．オプション "-p" を用いることにより，親ディレクトリと子ディレクトリを同時に作成できる（例："mkdir hoge1/hoge2"）．ディレクトリを削除する場合は rmdir コマンドを使う．

sed（11.2.4 項）

```
%sed {オプション} {ファイル名}
```

指定した入力を編集するコマンド．上の例のようにテキストファイルを指定するか，パイプを用いて入力データを受け取る．様々な操作をファイルに行うことができるが，一番よく使われる機能は文字列の置換だろう．たとえば，次のコマンドの例では，文字列 abcdefgh を与え，abc を efg に置換している．

```
%echo abcdefgh | sed s/abc/efg/
```

この場合の出力は efgdefgh となる．また，正規表現を使った置換も可能である．

seq（9.4.3 項）

```
%seq {開始} {間隔} {終了}
```

開始から終了までの数字を指定した間隔の整数値を標準出力に打ち出すコマンド．間隔を省略すると数字が 1 つずつ増える．-s オプションで区切り文字の指定が，-w オプションで数字の表示桁をそろえることができる．

sh（3.3.5, 6.3.1, 7.6.2, 11.2.1 項，付録 A）

```
%sh {実行ファイル名}
```

シェルスクリプトを実行するコマンド．用いるシェルの種類を直接指定する

ことも可能である．たとえば bash シェルを使いたい場合は，次のようにタイプする．

```
%bash {実行ファイル名}
```

tail（2.2.1 項）

```
%tail {ファイル名}
```

テキストファイルの終わりから 10 行だけを表示するコマンド．"-n 20" のように -n オプションをつけることにより，表示する行数を 20 行に指定できる．

tar（1.2 節）

```
# 解凍する場合
%tar -xvf {圧縮ファイル.tar}
%tar -zxvf {圧縮ファイル.tar.gz}
# 圧縮する場合
%tar -cvf {圧縮先ファイル.tar} {圧縮元ディレクトリ}
%tar -zcvf {圧縮先ファイル.tar.gz} {圧縮元ディレクトリ}
```

複数のファイルを 1 つにまとめて圧縮・解凍するコマンド．圧縮する場合は圧縮元のディレクトリを指定する．gzip による圧縮を同時に行うことが可能である．

wc（2.2.1, 2.2.2 項）

```
%wc {ファイル名}
```

ファイルに含まれている文字を数えるコマンド．ファイルの行数，単語数，バイト数（半角文字数）が表示される．

236 C UN*X コマンド

xargs （2.2.3, 9.4.3, 12.3.2 項）

```
%xargs {ファイル名} {コマンド名}
```

　標準出力やファイルから読み込んだリストを，次のコマンドのオプションの
パラメータとして与えるコマンド．たとえば，次のコマンド例を見てみよう．

```
%ls *.txt | xargs -L 1 head
```

この例では，カレントディレクトリに存在し，".txt"で終わるファイルの一
覧を作成し，それを1つずつheadコマンドに渡している．"-L 1"はパイプか
ら受け取ったファイルのリストを1つずつ処理することを表している．
　他にも，次のような使い方がある．

```
%seq 1 3 | xargs -I% echo chr%
```

seq 1 3は1〜3までの数字を出力するコマンドである．その後，パイプから
受け取った数字を1つずつechoの出力文字列の % に置き換えて出力する． -I
オプションで指定された "%" という文字はプレースホルダーとよばれ，数字が
この場所に渡される．このコマンドの出力は次のようになる．

```
chr1
chr2
chr3
```

このような処理は，一度に多数のファイルに対して処理を行うときに便利であ
る．さらに，-P オプションを用いることにより，それぞれの処理を並列化する
ことができる．

```
%seq 1 3 | xargs -I% -P 3 vcftools --gzvcf chr%.vcf.gz --recode -maf 0.05
--out chr%
```

上の例では，chr1.vcf.gz, chr2.vcf.gz, chr3.vcf.gz という 3 つのファイルに対してそれぞれ並列に VCFtools を用いた処理を施すものであり，ひとつひとつ処理をするよりも高速に処理を行うことができる．

索 引

数字
1 塩基多型　　2

A
ABC　　201
accessibility filter　　194
adapter　　14
AdmixTools　　134
ADMIXTURE　　102, 108, 127
AFLP　　167
allele　　11
amplified fragment length polymorphism　　167
ancestral　　82
ancestral recombination graph　　118
ANGSD　　200
approximate Bayesian computation 法　　201
ARG　　118, 202
ascertainment bias　　2

B
BAM フォーマット　　31, 38, 39
base quality　　15
Bayes factor　　201
Bayesian skyline plot　　118
bcftools　　92, 194, 195
Beagle　　49
BED フォーマット　　108, 112, 195
BF　　201
BSP　　118
BWA　　37
B 型肝炎ウイルス　　34

C
cat　　20
CIGAR　　32, 34
coalescence rate　　191
coalescent theory　　118
common disease　　57
composite likelihood　　153
CRAM フォーマット　　31, 39
cross-validation error　　102
cross-species composite likelihood ratio test　　153
cutadapt　　19
CV error　　102

D
demographic model　　151
dendrogram　　99
derived　　82
DNA 断片塩基配列　　13
DNA マイクロアレイ　　12

E
effective population size　　117
EHH　　154
EIGENSOFT　　112
EIGENSTRAT フォーマット　　108, 112, 113
exome sequencing　　166
expectation–maximization アルゴリズム　　102
extended haplotype homozygosity　　154

F
f_2 統計量　　129, 135
f_3 統計量　　132
f_4 統計量　　132, 133, 141
FASTA フォーマット　　20, 38
fastp　　19
FastQC　　19
FASTQ フォーマット　　15, 31
flag　　32
folded SFS　　84
FRAPPE　　102
F_{ST}　　128, 135, 136, 153, 159
f 統計量　　129

G
GATK　　40, 41, 109, 192
GBS　　13
gdsfmt　　105
gene flow　　189
gene genealogy　　5
genealogy　　5
genetic drift　　5
Genmap　　195
genome wide association study　　4
genomic diversity　　2
genotype　　4
genotyping　　11
genotyping by sequencing　　13
germline cell　　2
ghost population　　198
GVCF フォーマット　　37
GWAS　　4, 13, 60, 167

H

haplotype　5
Hardy–Weinberg
　equilibrium　46
HBV　34
heterozygosity　117
hierarchical clustering
　99
hitch-hiking effect　152
HW 平衡　46, 58, 67

I

IBD　58, 69, 120
IBDNe　121
identity by descent　58,
　120
iHS　155
Illumina　14
imputation　48
inbreeding coefficient
　128
integrated haplotype score
　155
ipyrad　168

J

joint site frequency
　spectrum　199
JSFS　199

K

k-mer　195
Kraken　19

L

LD　61
less　20, 88
linkage disequilibrium
　61
locus specific branch length
　154
LSBL　154

M

major allele　12

mappability filter　194
Markov chain Monte Carlo
　198
MCMC　102, 198
migration edge　135
MIG シークエンシング　169
minor allele　12
minor-allele SFS　84
mitochondrial genome　5
MixMapper　135
molecular clock　185
monomorphic　97
MSMC　202
multiplexed ISSR
　genotyping by sequencing
　169
MultiQC　19
mutant type　82
mutation　2

N

neighbor-joining method
　100
NeighborNet 法　100,
　107, 135
Nei's minimum genetic
　distance　98
net nucleotide divergence
　98
neutral theory of molecular
　evolution　185
next generation sequencer
　3
NEXUS　106
NGS　3, 13
nSL　160
nucleotide diversity　83

O

odds ratio　59
operational taxomic unit
　101
OTU　101, 135, 138
outgroup　83

P

paired-end read　14
pairwise sequential
　Markovian coalescent
　119
PBS　154
PCA　18, 103, 127, 138
PCR 重複　39
p-distance　192
phangorn　105
PHASE　47
phasing　45
phenotype　4
phenotypic plasticity　53
Phred 値　15
PHYLIP フォーマット
　138
phylogenetic tree　100,
　185
phylogeography　5
Picard　39
pleiotropy　53
PLINK　108, 112, 129,
　144, 178
PLINK フォーマット　48,
　144, 161
polygenic inheritance　53
polymorphism　10
population branch
　statistics　154
population mutation rate
　84
principal component
　analysis　18
PSMC　119, 202

Q

qpGraph　135
qqman　75
Q-Q プロット　75
QTL　13
quality score　15
quantitative trait locus
　13

R

RAD-seq 3, 13, 167, 193
RAD シークエンシング 167
rCCR 191, 202
recombination 6
reference genome sequence 3
relative cross coalescent Rate 191
restriction site association DNA sequencing 167

S

Samtools 32, 34, 38
SAM フォーマット 31, 34, 38
scikit-allel 129
sed 20
selective sweep 152
selscan 161
SeqArray 105
Seqkit 20
Seqtk 20
SFS 153, 199
Simpson's paradox 58
single nucleotide polymorphism 2
single read 14
singleton 49
singleton site 82
smartpca 112
Smith–Waterman アラインメント 38
SNM 85
SNP 2, 30
SNPable 195
SNPRelate 105
SNP チップ 2, 12, 13, 30, 45, 60, 128, 167
SplitsTree4 106
Stacks 144, 168, 170
standard neutral model 85
statistical power 54

STRUCTURE 102
subpopulation 126
subspecies 126
summary statistics 80

T

Tajima's D statistics 85
TreeMix 104, 135, 144

U

UCE 169
ultra conserved element 169
unfolded SFS 83
unweighted pair group method with arithmetic mean 100
UPGMA 100

V

variant 11
VCFtools 88, 129, 136, 158, 195
VCF フォーマット 31, 35, 36, 48, 108

W

Wahlund effect 58
Watterson の θ 86
WES 55
WGS 55
whole-exome sequencing 55

X

XP-CLR 検定 153
XP-nSL 160

Z

zless 88

あ

アウトグループ f_3 統計量 130, 132, 139
アウトライヤーアプローチ 151
アクセシビリティフィルター 194
亜種 126
アダプター 14
アダプター配列 18
アラインメントエラー 40
アレル 11
アロザイム 10
移住辺 135
遺伝距離 97, 98
遺伝子型（遺伝型） 4, 44, 53, 150
遺伝子系図 5, 118, 185
遺伝子流動 189
遺伝的浮動 5, 117, 128
遺伝の要因 53
イルミナ 14
インデル 3, 30, 56
インピュテーション 48
エキソームシークエンシング 166
塩基多様度 83, 87, 191
オッズ比 59
折りたたみ SFS 84
折りたたみなし SFS 83

か

外群 83
解析パイプライン 41
階層的クラスタリング 97, 99
カイ二乗検定 58, 68, 73
カバレッジ 122, 193
環境の要因 53
完全尤度 198
キャリブレーション 188
近交係数 128
近交弱勢 80
近隣結合法 100, 135
クオリティスコア 15
クオリティチェック 17
組換え 6
系統樹 100, 185
系統地理学 5, 185

結合サイト頻度スペクトラム　199
ゲノミックセレクション　4
ゲノム多様性　2
ゲノムワイド関連解析　4, 60
検定アプローチ　151
交差確認誤差　102, 110
合祖率　191
合祖理論　118
ゴースト集団　197, 198
コールレート　65
コモンバリアント　54

さ
座位特異的枝長　154
参照型　82
参照ゲノム　82
参照ゲノム配列　3, 12, 38, 170
シークエンスエラー　40
ジェノタイピング　11
ジェノタイピングエラー　66, 122
シェルスクリプト　41
次世代シークエンサー　3
疾患感受性　54
質的表現型　54
集団枝統計量　154
集団間の交雑　104
集団サイズ　116
集団動態モデル　151, 196
集団の混合　131
集団変異率　84, 191
樹形図　99
主成分分析　18, 57, 103
純塩基置換数　98
ジョイントコール　37
シングルトン　48, 91
シングルトンサイト　82
シングルリード　14
診断バイアス　2
浸透率　53
シンプソンのパラドックス　58
スイッチエラー　51, 52

正規表現　179
制限酵素断長多型解析　167
生殖細胞系列　2
正の自然選択　7, 150
世代時間　124, 188
セレクティブスウィープ　152
全エキソーム配列解析　55
全ゲノム配列解析　13
操作的分類単位　101
相対的交差合祖率　191
祖先型　82
祖先組換えグラフ　118

た
ターゲットシークエンシング　166
対立遺伝子　11
多因子遺伝疾患　57
多型　10
田嶋の D 統計量　85, 93, 152, 157
多変量解析　97
多面的作用　53
単型的なサイト　97
デニソワ人　6, 128
デンドログラム　99
統計的検出力　54
統合ハプロタイプスコア　155
突然変異　2
突然変異率　124, 188

な
ネアンデルタール人　6, 128, 133
根井の最小遺伝距離　98

は
ハーディー－ワインベルグ平衡　46
派生型　82
派生型アレル　199
ハプロタイプ　5, 45, 120, 154

ハプロタイプホモ接合伸長スコア　154
バリアント　11
非加重結合法　100
ヒッチハイク効果　152
ヒト 1000 人ゲノム計画　193
表現型　4, 53
表現型の可塑性　53
標準中立モデル　85
フィッシャーの正確確率検定　58
フィルタリング　170
フェージング　45, 46, 48
複合尤度　153, 199
浮動の共有　131
フラグ　32
分岐年代の推定　184
分子進化の中立説　185
分子時計　185
分集団　126
ペアエンドリード　14
平衡選択　85
ベイジアンスカイラインプロット　118
ベイズファクター　201
ベースクオリティ　15, 40
ベースコール　14
ヘテロ接合　45, 98
ヘテロ接合度　117
変異型　82
ポリジーン遺伝　53
ボンフェローニの方法　75

ま
マイクロサテライト　55, 167
マイクロサテライト配列　11
マイナーアレル　12, 108
マイナーアレル SFS　84
マイナーアレル頻度　66
マッパビリティフィルター　194
マッピング　31
マッピングエラー　40

マッピングクオリティ　40, 193

マルコフ連鎖モンテカルロ法 102, 198

マンハッタンプロット　75

ミトコンドリアゲノム　5, 185, 187

ミトコンドリアゲノム配列 19

メジャーアレル　12, 108

メンデル型遺伝　53

や

有効集団サイズ　94, 117, 151

要約統計量　80

ら

リード　13

リードのカバレッジ　178

リシークエンス　3

リファレンスアレル　12

リファレンスハプロタイプ 47, 49

量的形質遺伝子座位　13

量的表現型　54

レアバリアント　54, 167

連鎖不平衡　61, 109, 154

ロングリードシークエンサー 45

わ

ワーランド効果　58

編著者略歴

長田直樹（おさだ・なおき）

1997 年　東京大学理学部生物学科卒業
2002 年　東京大学大学院理学系研究科博士課程修了
同　　年　東京大学　博士研究員
2003 年　米シカゴ大学　リサーチアソシエイト
2005 年　独立行政法人医薬基盤研究所　研究員
2010 年　国立遺伝学研究所　助教
2015 年　北海道大学大学院情報科学研究科　准教授
2019 年　北海道大学大学院情報科学研究院　准教授
　　　　　現在に至る
　　　　　博士（理学）

著者略歴

藤本明洋（ふじもと・あきひろ）

2003 年　九州大学理学部生物学科卒業
2005 年　九州大学大学院理学府生物科学専攻修了
2008 年　東京大学大学院医学系研究科修了
同　　年　理化学研究所　特別研究員
2016 年　京都大学医学研究科　特定准教授
2019 年　東京大学大学院医学系研究科　教授
2025 年　慶応義塾大学大学院経営管理研究科修士課程修了
　　　　　現在に至る
　　　　　博士（保健学），修士（経営学）

河合洋介（かわい・ようすけ）

2001 年　東京理科大学理工学部応用生物科学科卒業
2006 年　東京理科大学大学院理工学研究科博士課程修了
同　　年　国立遺伝学研究所集団遺伝研究部門　特任研究員
2008 年　立命館大学生命科学部　助教
2013 年　前橋工科大学工学部　研究員
同　　年　東北大学東北メディカル・メガバンク機構　助教
2014 年　東北大学東北メディカル・メガバンク機構　講師
2017 年　東京大学大学院医学系研究科　特任助教
2019 年　国立国際医療研究センター研究所　上級研究員
2020 年　国立国際医療研究センター研究所　副プロジェクト長
2024 年　国立遺伝学研究所 DDBJ センター　特命教授（兼任）
　　　　　現在に至る
　　　　　博士（理学）

五條堀淳（ごじょうぼり・じゅん）
2001 年　東京大学理学部生物学科卒業
2007 年　東京大学大学院理学系研究科生物科学専攻修了
同　　年　東京大学大学院理学系研究科生物科学専攻　学術研究補佐員
2008 年　総合研究大学院大学先導科学研究科　上級研究員
2011 年　総合研究大学院大学先導科学研究科　助教
2016 年　総合研究大学院大学先導科学研究科　講師
2023 年　総合研究大学院大学統合進化科学研究センター　講師
　　　　　現在に至る
　　　　　博士（理学）

東野俊英（ひがしの・としひで）
2008 年　防衛医科大学校医学教育部医学科卒業
2011 年　宮崎大学医学部附属病院　研修登録医
2012 年　米空軍航空宇宙医学校上級航空宇宙医学課程修了
2015 年　理化学研究所　客員研究員
2017 年　英キングスカレッジロンドン　客員研究員
2018 年　防衛医科大学校医学研究科博士課程修了
2021 年　東京大学大学院医学系研究科人類遺伝学教室　客員研究員
同　　年　自衛隊中央病院　皮膚科医長
2022 年　国家公務員共済組合連合会三宿病院　皮膚科部長
2025 年　慶應義塾大学大学院経営管理研究科修士課程修了
　　　　　現在に至る
　　　　　博士（医学），修士（経営学）

木村亮介（きむら・りょうすけ）
1998 年　早稲田大学教育学部理学科生物学専修卒業
2004 年　東京大学大学院理学系研究科生物科学専攻修了
同　　年　日本学術振興会　特別研究員（PD）
2007 年　東海大学医学部　助教
2009 年　琉球大学亜熱帯島嶼科学超域研究推進機構　特命准教授
2013 年　琉球大学大学院医学研究科　准教授
2022 年　琉球大学大学院医学研究科　教授
　　　　　現在に至る
　　　　　博士（理学）

松波雅俊（まつなみ・まさとし）
2007 年　北海道大学理学部生物学科卒業
2012 年　総合研究大学院大学生命科学科遺伝学専攻五年一貫博士
　　　　　過程修了
同　　年　北海道大学水産科学研究院　博士研究員
2015 年　北海道大学環境科学研究院　学術研究員
2016 年　琉球大学医学部先端医学研究センター　特命助教
2019 年　琉球大学大学院医学研究科　助教
　　　　　現在に至る
　　　　　博士（理学）

ゲノム多様性解析

2025 年 3 月 28 日　第 1 版第 1 刷発行

編著者　長田直樹
著　者　藤本明洋・河合洋介・五條堀淳・東野俊英・木村亮介・松波雅俊

編集担当　宮地亮介（森北出版）
編集責任　富井晃（森北出版）
組版　　　藤原印刷
印刷　　　同
製本　　　同

発行者　森北博巳
発行所　森北出版株式会社
　　　　〒 102-0071　東京都千代田区富士見 1-4-11
　　　　03-3265-8342（営業・宣伝マネジメント部）
　　　　https://www.morikita.co.jp/

© Naoki Osada, Akihiro Fujimoto, Yosuke Kawai, Jun Gojobori,
Toshihide Higashino, Ryosuke Kimura, Masatoshi Matsunami 2025
Printed in Japan
ISBN978-4-627-26171-6